打造靈感的場所：

boven雜誌圖書館的
開店創意學。

A place of inspiration:
boven magazine library

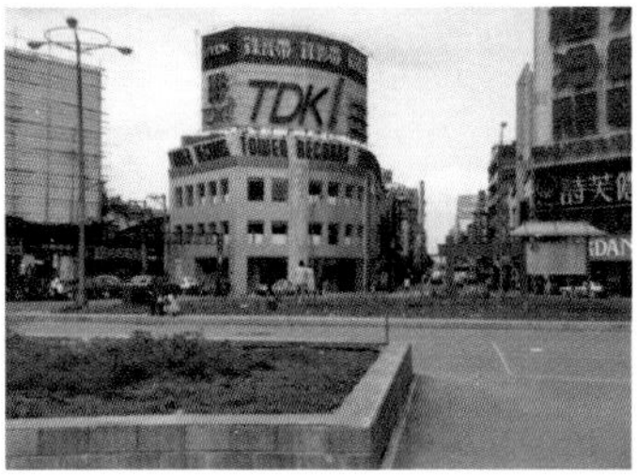

1997年-2003年，任職淘兒音樂城（Tower Records），2007年-2009年後，於雜誌瘋工作，開啟了boven雜誌圖書館創辦人周筵川對雜誌的熱愛與了解。後來，他選擇進駐仁愛圓環租書店一角，展開一場租借雜誌的小小實驗，成了他開店前最重要的實戰經驗。最下方圖片為他堆積在家中一角的雜誌。

boven雜誌圖書館創辦人周筵川。（攝影／鄭宇辰）

boven雜誌圖書館（以下簡稱為boven），外觀是建築師以植物營造都市中的靈感綠洲，從一樓入口進到地下室，使用到鐵工師傅強調觸感舒適的特製扶手，是藏在雜誌圖書館中的職人手感。

2015/01/15 | boven雜誌圖書館誕生

位在東區地下室的boven，自2015年開館，已屆十年，雜誌館藏也從最初一萬本雜誌攀升至現在超過五萬本。店內書架均為獨家設計雜誌專用陳列架。

00001
magazine library
boven

STEELE

READING IS POWER

boven品牌聯名商品

不僅僅只是一間圖書館，更是一份對生活態度的提案。營運期間陸續推出品牌聯名商品，包括專屬會員卡、有著「Reading is power」宣言的帆布包、專屬杯墊及入內方便借閱雜誌的推車。

2015 new arrival
05
最佳
置入行銷
獎
THE HOUR
Josh Sims
「瑞士」等於「精品鐘錶」的印象深植人心，一本專注在鐘錶文化和探討工藝的鐘錶雜誌《THE HOUR》也於此誕生。
《THE HOUR》透過專業記者和攝影，以專文與讀者分享不同人，事，物故事，來彰顯時間的存在意義與價值，讓人在關注時間的同時看到了鐘錶，巧妙地將商業置入其中，是《THE HOUR》最為成功的地方。

雜 誌 現 場
X
Boven雜誌圖書館
2016年2月5日 星期五，於下午10:00
雜誌現場 X Boven 雜誌圖書館 重量級企劃
所有人・活動主辦人：雜誌現場和另外 2 人
可看到你回覆的對象為主辦人和朋友
72 人已參加・109 人有興趣
公開・所有的 Facebook 用戶和非用戶

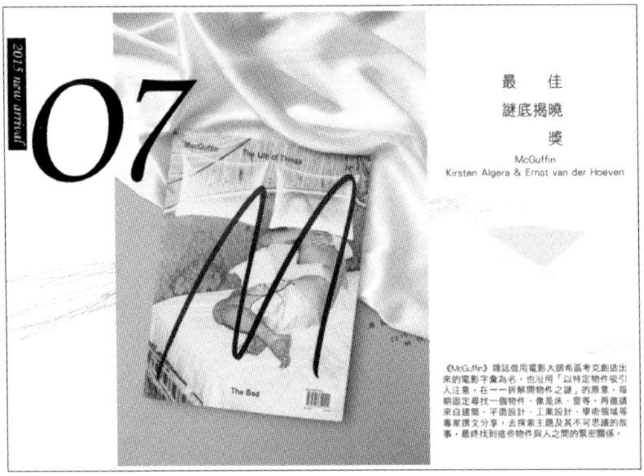
2015 new arrival
07
最佳
謎底揭曉
獎
McGuffin
Kirstan Algera & Ernst van der Hoeven
《McGuffin》雜誌借用電影大師希區考克創造出來的電影字彙為名，也沿用「以特定物件吸引人注意，在一一拆解開物件之謎」的原意，每期固定尋找一個物件，像是床、窗等，再邀請來自建築、平面設計、工業設計、學術領域等專家撰文分享，去探索主題及其不可思議的故事，最終找到這些物件與人之間的緊密關係。

2015 new arrival
08
最佳
寵物一家親
獎
Pet People
Hilda Grahnat
Hilda Grahnat是一位動物愛好者，同時也是攝影師，因此創辦了一本書寫人與寵物間故事的雜誌《Pet People》。
雜誌以如詩般的短句，生活感的清新影像，描述了主人與寵物間的相知、相遇與相惜。這些可愛的寵物多半是貓貓狗狗，也有如Jenny養著罕見的相思鸚鵡Joan，Jenny也開心地分享著2歲的Joan，最常開口說的字句是「我愛你」，這些甜蜜的故事透過印刷出刊後，在全世界找到更多熱愛寵物的同好。

2015 focus on
最 佳
大咖封面
獎
OUT 100
Michael Goff
11
從1992年就存在的同志雜誌《OUT》，可謂是同志界最具權威的時尚生活雜誌。
這一回選出了100位在同志平權議題上具影響力的人物，居然還包括美國總統歐巴馬。
一直致力推動同性婚姻的歐巴馬，在2012年開始公開表明支持同志平權，更成功2015年6月推動美國同性婚姻合法化。雜誌也邀請歐巴馬入鏡，更以「ALLY. HERO. ICON」（同盟、英雄、指標）三字，形容歐巴馬在同志平權的貢獻，他也成了史上第一位登上同志雜誌的美國總統。
OUR PRESIDENT
ALLY. HERO. ICON

2015 best cover
最 佳
科技演化
獎
Wired
康泰納仕國際集團
19
這本《Wired》運用歐美雜誌封面拍攝最愛的大堆頭風格，拍的卻是「電影特效進化史」，講的是1975年，喬治．盧卡斯為了製作《星球大戰》電影，成立了光影魔幻工業特效公司（Industrial Light & Magic）後，如何譜寫了近代電影特效發展史。入鏡的是包括電影《星球大戰》及公司創辦人喬治．盧卡斯、史蒂芬．史匹柏、J．J．亞柏拉罕、萊恩．約翰遜及尤達大師、E.T.、BB-8，紀錄40年來電影特效的輝煌歷程。
MAGIC

2015 best cover
最 佳
血淋淋
獎
New York
Milton Glaser & Clay Felker
20
大堆頭封面照又一例，這回登的卻不是光鮮亮麗的故事，而是2015年驚爆全美的性侵案件。
老牌喜劇明星《天才老爹》比爾．寇斯比被指控性侵無數女子，包括不少當代知名女影星，其中35名受害者拒絕「案件從此消失」，因之登上《紐約》雜誌封面，挺身而出訴說慘痛遭遇，希望能向司法討個公道。
是否還有其它受害者？又會是誰？徒留一張空白座椅埋下伏筆。
NEW YORK
Cosby
The Women

2016/02/05 ｜「2015年度十大雜誌」票選活動

2016年，boven開館屆滿一週年，與雜誌推廣平台「雜誌現場」共同推出線上企劃，替當時新創刊、復刊及特殊議題的雜誌內容留下歷史見證。（攝影／林特）

re of television

stry. His questioning style is firm
ut trying to unsettle his guests or
into sensationalism, an accusation
vels at the mainstream competition.
We want to inform; they just want
lame a partisan fight," says Chang,
prepares the questions for each
, with a researcher from the other
of the political spectrum.
'rogrammes go on air several
ites early so that viewers can see
build-up behind the scenes. Prior
roadcast the show publishes an
raphic to introduce the policy issues
discussed and viewers of the live
dcast can submit questions. "We
ying to deconstruct the boundaries
een the show and the audience,"
Chang, who appears shoeless on
n, as does his ministerial guest. The
are required to leave footwear at the
ance to the unconventional studio:
programme goes out from Boven, a
magazine library in the charming
an district of Taipei, which closes
on Thursday evenings for filming.
ne show progresses it begins to feel
a conversation Chang is having in his
g room. The host knows he can't get
comfortable though: his production
have been known to use the
prompter to remind the 45-year-old
old his stomach in on screen.
"I wanted to change the talk-show look
feel so I emailed a cinematographer
d Ming Jia who used to do stills
ography. I love his style – it has a very
n feel – so I invited him to be a part
he show," says producer Johnason Lo,
also runs his own creative studio:
Design. The impetus for *Talk to Taiwan*

01 Chang Tieh-chih in hair and make-up to get camera-ready
02 Art director Yu Feng at work
03 Shoeless guest Cheng Li-chun in the hot seat
04 Johnason Lo, producer and owner of studio JL Design
05 The production crew preparing for live broadcast
06 The team analysing the show after broadcast; discussions can last for hours
07 The research and policy team in the magazine library prior to filming

emerged during early campaigning f
the presidential elections last year, wh
Lo and several of the show's creato
grew frustrated by the lack of serio
debate. The first episode – an intervie
with Taipei's mayor Ko Wen-je – we
out three weeks later. In the interv
Lo teamed up with designers, med
entrepreneurs, academics and politic
advisers to produce the show's sma
visual brand and grown-up content.

Chang now hosts another show on pub
television but he almost ended up in t
hot seat himself after being tipped
become culture commissioner for Taipe
city government. "To me it's all publ
service," he says, adding that he wou
have appeared as a guest had his care
taken a political turn.
Nonetheless, the host only gets to a
the tough questions on screen. Soon aft
each show airs, Chang's interrogatic
of his guests is hotly debated by t
production team during gruelling revie
that can last until midnight. The ma
criticism he faced after the season fina
was for not pressing Cheng on the deta
a far more thorough post-mortem w
take place before the third series begi
later this year.
The challenge now is to reach a wid
audience. Discussions are underw
with mainstream television networ
and Netflix-type streaming channels b
everyone is determined to remain tr
to the original concept. "We're not in
hurry," says Chang. "We've establishe
our credibility and basic tenets after t
seasons and we're inspiring people to
things differently." —

— ISSUE 96

ISSUE 96 — 1

政 TALK TO TAIWAN 問

2015/11/26 — 2017/06/15 ｜網路直播節目《政問》

第一個聚焦政論的網路直播節目《政問》幕後匯聚了JL DESIGN、圖文不符、LIVEhouse.in等14間跨領域創新團隊，並在boven錄製節目。每一集邀請到重要的意見領袖，認真探討台灣面對的關鍵問題，讓政策討論變得更有趣。

（圖片提供／JL DESIGN）

2016/10/01 — 2018/09/08 ｜紙本繪本明信片市集

2018年，boven與深耕手作領域多年的「孩在hikidult」聯手舉辦第三屆「紙本繪本明信片市集」，臺北場從原本boven館內延伸至東區巷弄，打造出一場紙本迷的嘉年華。

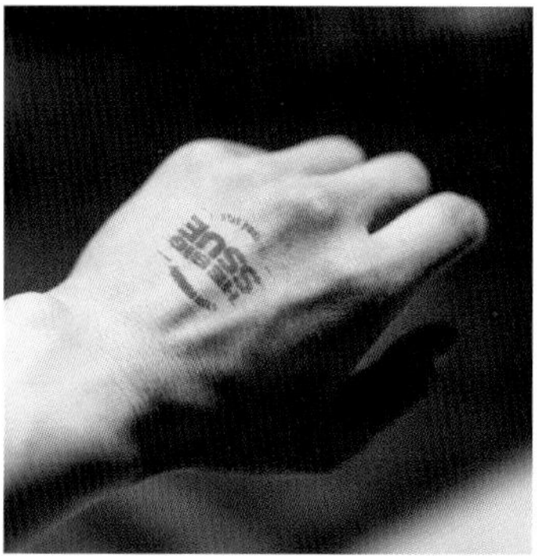

2018/07/20 — 08/05 ｜《The Big Issue Taiwan》100期回顧展

自 2010 年 4 月創刊，於2018年 7 月發行第 100 期雜誌時舉辦展覽，展場能近距離欣賞每期封面以及與藝術家合作的海報。

2019/05/18 — 06/02 ｜ Papersky 台灣特集 ★ 展覽、座談活動

日本旅遊雜誌《Papersky》以Hike & Bike為主軸，到各個國家旅行、進行文化交流。2019年，boven邀請到《Papersky》總編輯Lucas和大家分享如何結合在地，共同合作出好看內容的編輯秘訣。

Cafe

2020／08／13 — 09／21 ｜ 13個房間創作藝術節

2020年、第三屆《13個房間創作藝術節》定調為「看不見的城市」，展覽區域從既有飯店客房走出去，擴大延伸至臺北大安區五家風格店鋪，包括boven cafe。原先整面落地窗景，在仰角35度創作下，以近50本回收雜誌為材料，建構出一隻穿梭森林的恐龍裝置，成了真實版繪本場景。

（圖片提供／13個房間創作藝術節）

mini boven進駐臺灣各地

自2017年起，boven以mini boven的模式進駐各地，替各個尺度不一的空間量身打造閱讀角落，讓讀者能主動親近閱讀。（由上至下）：九份「光斑」、林口「人燃空間」、花蓮「南日」、新竹「或者蔬食」。（圖片提供／光斑、人燃空間、南日、或者蔬食）

2020／10｜森空間╳Muji Renovation空間改造計畫

落腳新竹的「森Space」，是一間280坪、橫跨兩層樓的共享辦公室，也是Muji Renovation在臺灣的第一個空間改造計畫。boven提供的雜誌借閱服務，則成了這裡的靈感共享站。（圖片提供／森空間）

2021/01/15 — 01/17 ｜ WILDER LAND! 野營祭

台灣指標戶外社群——「山型者WILDER」在宜蘭南澳－那山那谷舉行結合健行、漂流等戶外項目野營祭，為上千人創造難忘回憶，與boven合作的森林圖書館，藉由文化認識、互動遊戲，學習放下電子產品，串起人與人之間的交流情感。

2021/06/30 │《Home Reading 閱讀計畫》

在臺灣三級防疫警戒尚未解除之前，boven推出讓會員將雜誌與書籍租借帶回家的服務，引起迴響後，boven陸續推出「雜誌人俱樂部」的個人借閱服務，以達成「防疫升級，閱讀不缺席」的目標。

2020/10/16－11/15｜象印STAN.×boven cafe期間限定快閃店

家電品牌象印首度攜手充滿書卷氣息的boven cafe打造30天期間限定店，將新生活道具的概念融入消費者的日常生活中，更搭配boven主題選書、餐飲，讓每一個進到boven cafe的人們能有更完整的體驗。（圖片提供／象印）

2022/05/06 — 05/16 ｜ 段安國《浮相》皮革雕塑藝術個展

藝術家段安國將他對現世眾生的觀察，展現在手塑皮革之中。曾經是市場肉販的他，眼前鮮活的市井小人物，讓他開始醞釀創作能量，傾注30年心血於此。展覽作品以皮革呈現人體肌肉、臉部表情，致敬百工百業與神話傳說。

（圖片提供／三川工作室）

magazine library

boven

2022/10/10｜boven臺南館的誕生

臺南印刷廠後代的創辦人，將老家三層樓空間翻修後，打造成一棟結合印刷設計、藝廊、生活選物的複合式空間StableNice BLDG.，並邀請boven進駐二樓，希冀美好之事源源不絕而來。

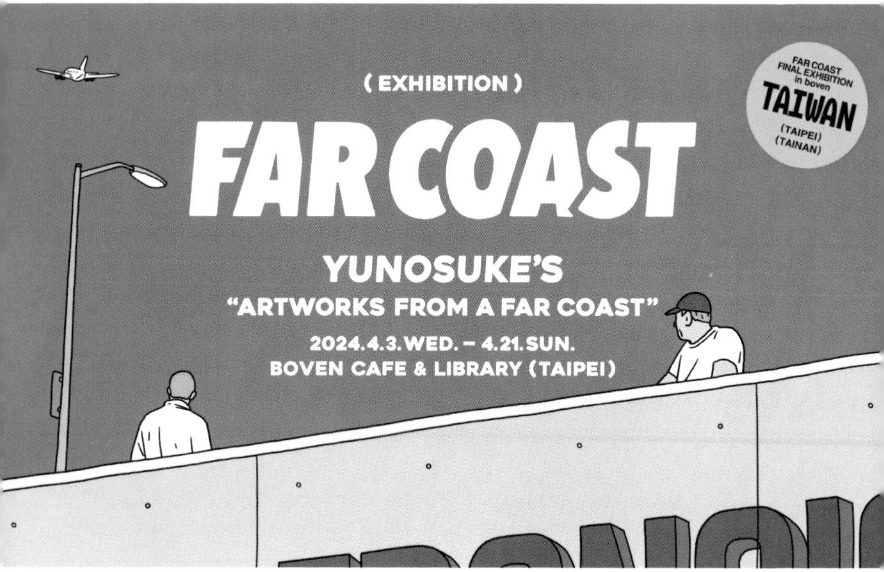
(EXHIBITION)
FAR COAST
YUNOSUKE'S
"ARTWORKS FROM A FAR COAST"
2024.4.3.WED. – 4.21.SUN.
BOVEN CAFE & LIBRARY (TAIPEI)
FAR COAST FINAL EXHIBITION in boven
TAIWAN
(TAIPEI)
(TAINAN)

EXIT
649
FAR COAST

SF
San Francisco Shipping Line
FAR COAST

far coast
ON SALE
FROM A FARCOAST
BEND SKI CLUB
Sticter Set

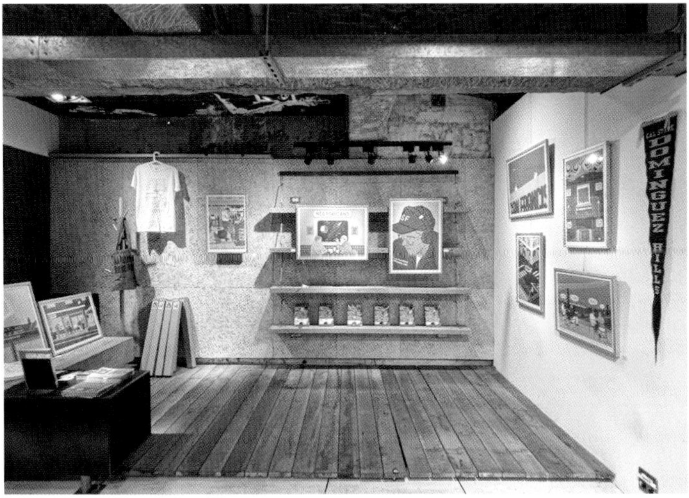

2024／04／03 — 04／21 ｜ 日本插畫家Yunosuke首度海外個展

Yunosuke是近年來備受日本矚目的藝術新銳，「FAR COAST」個展是以他2023的首部作品集為名，在美國西部公路旅行遇到的風景、人事物為主，除了曾在日本各地巡迴展覽，後來也移展至boven臺南館展出。

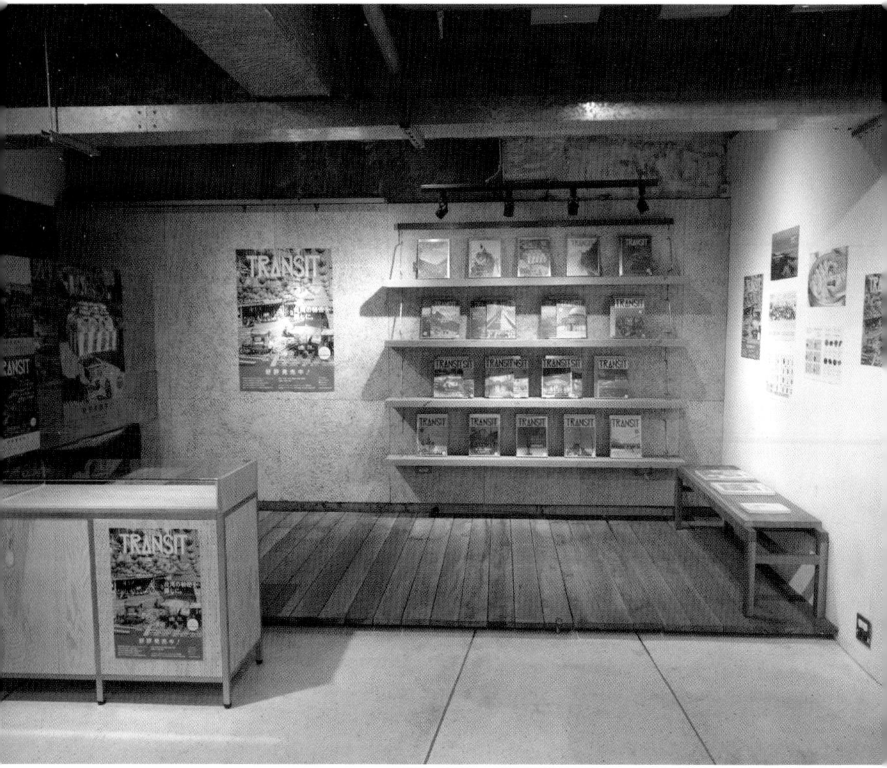
TRANSIT

TRANSIT
Kyoto, Everyday

TRANSIT
KOREA

2024/10/27 — 10/28 | 日雜《TRANSIT》pop-up shop

講談社旗下日雜《TRANSIT》來臺取材專題內容，並在最後一站選在boven開設pop-up shop，並發表新刊訊息。

大家一起
喊一下名字吧!
OPEN
パンどろぼう
OK!
@TheWorthless
@nijinoehonya

2024/11/07 — 11/27 | 日本彩虹繪本屋 pop-up store

日本的彩虹繪本屋（ニジノ絵本屋，nijinoehonya ）不僅出版原創繪本、販售繪本，還藉由製作官方主題曲及MV協助繪本推廣，繪本屋與旗下The Worthless樂團選在boven推廣繪本，並原汁原味演出《麵包小偷》的成名曲。

offbook 言外企畫
日雜慢格進。
新・お金の、答え。

老前衛
boven exhibit
old is
再發現…

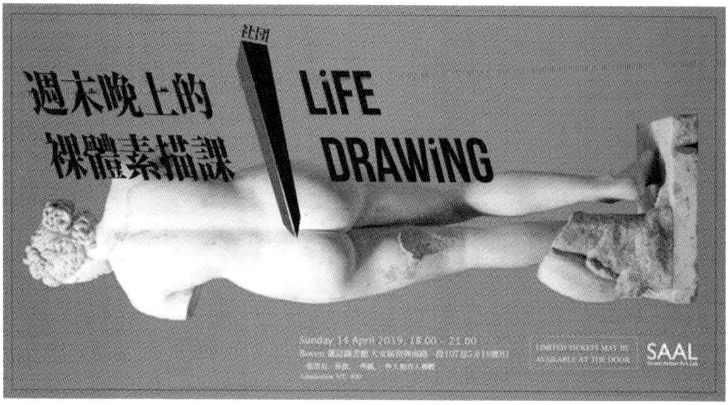

boven 實體活動主視覺

除了與外界合作，boven 也經常主動發起實體活動，為空間創造人與人之間的交流。除了雜誌類型的相關活動，「週末晚上的裸體素描課」及「年終老雜拍賣」也都是令人引頸期盼的經典活動。

曾經造訪boven的創意人

這些創意人分別為來自日本的新媒體藝術家真鍋大度、Mikiko、石橋素（圖 1，右起）；日本《自遊人》雜誌創辦人岩佐十良（圖2）；日本設計師佐藤卓（圖3）；來自香港的電影美術指導及導演文念中（圖4）。

十年來，boven雜誌圖書館

雜誌收藏超過50000本，

曾經舉辦超過100場雜誌相關活動，

企業會員突破100家

會員人數突破3000人

目錄

推薦序

杜祖業｜「之道創意」創辦人，前《GQ》總編輯

二〇一五年，媒體同溫層耳語東區出現一間雜誌圖書館，愛看愛買雜誌的我一開始並沒太大感覺，多年下來我已經建立起一套購買系統，各雜誌進口商與書店我都熟，通常新刊還沒進到書店，我已經收到，除非無人引進，不然我不會錯過任何想看的雜誌。

後來有機會遇見創立boven雜誌圖書館（以下簡稱為boven）的創辦人Spencer（周筵川），彼此都是重度雜誌上癮者，自然有聊不完的話題，也一路看著boven從雜誌界的漫畫王擴展到與髮廊、cafe與飯店的訂閱合作，還開了cafe，常常被包場舉辦活動，儼然成為設計與媒體圈中不可忽視的存在，特別是近幾年紙刊全面性衰退、販售雜誌品項最齊全的誠品敦南、信義店相繼收攤的種種風雨飄搖，隱身在東區巷內地下室的boven，隱隱透露的燈光，簡直像是一片黑暗下唯一的燈塔了。

然而，這本書並不是做來給雜誌粉絲互擁取暖的，透過導演傅天余與Spencer一次又一次對談，即使我是老客人了，第一次有

機會瞭解boven誕生的過程，Spencer是如何勇敢地離開穩定的組織港灣，投身到創業的汪洋大海中。

boven創立時，我手上正在做《GQ business》雜誌，可惜當時並不知道它背後的故事，現在看來完全符合《GQ business》雜誌的核心精神，不過這本刊物叫好不叫座，最後還是停刊了。許多人看到boven都會覺得是哪個富二代做好玩的，雜誌圖書館？都說要害一個人就叫他去辦雜誌了，在手機屏幕席捲人們大部分醒著時間，這會不會是純粹浪漫不切實際的idea呢？

如今，boven以本書做為十歲的生日禮物，多少機關算盡的生意都很難撐過十年了，有錢人玩具的說法也就不攻自破，事實上我從不認為有哪個有錢人會做擺明賠錢的生意，每當有人說某家店、某產品是有錢人就是任性，我不以為然，當時會想做《GQ business》雜誌，就是想探索這些迷人表象背後的邏輯與道理，可能臺灣讀者都被傳統財經雜誌那套給限制了想像力，這個時代的business model已經不再單純是為了獲利而存在，business本身可以是為了傳遞某種概念、行為與價值觀的途徑，而獲利則成為獲得認同的副產品。

Spencer就跟我們大多數人一樣，沒有富爸爸可靠，因為熱愛音樂去淘兒音樂城（Tower

Record）上班，在唱片行接觸到進口歐美日雜誌，發現了新宇宙，但要把興趣與工作合在一起又不餓肚子談何容易，通常年紀漸長現實逼近，理想就收到抽屜鎖起來了。但Spencer不輕易投降，他在現實與理想之間找到了一條路，這條路你在google map上找不到，這本書給了讀者幾個座標。出租借閱雜誌的business的想法絕對是浪漫的，但Spencer從起心動念到成立boven過程的做法與思考卻非常務實，值得給所有徘徊在理想與現實間找不到入口的人參考。

近幾年我很常往boven跑，連我這種超鐵桿雜誌粉都開始減少買雜誌的量了，家裡書滿為患斷捨離都來不及，但雜誌共享服務反而讓我讀到更多雜誌，一些本來不會買的，也列入閱讀雷達範圍內。現在雜誌圈的現象是主流刊物愈來愈無趣，而精準小眾刊物會是未來趨勢，同樣的，以大眾為對象的business考驗日益嚴苛，在瞬息萬變的市場轉瞬間豬羊變色是家常便飯。反觀更多有概念、有溫度的small business，他們不必用趕盡殺絕的不道德方法逼退或勒死競爭對手，一樣可活得好好。

我笑著跟Spencer說：「boven出現以來，好像沒看到過有別的follow者，到底是因為這生意不好做因此沒人敢跟，還是你做太好沒人敢跟呢？」

無論如何，在商業世界中能設立這樣的門檻都是好事，不是嗎！

序　場

傅天余｜電影導演、boven 創意總監

身為一個導演和影像創作者，我曾參與過許多不同的工作，但從未想過有朝一日會寫一本關於「創業」的書。

我喜歡看雜誌，每次走進boven就會重新感受到，設計與美感是推動人類前進的無形力量，從中可以窺見人類從過去到現在的想像力與品味是如何演進的。

身為boven的幕後團隊成員，一直是我生活中的「B面身分」，我甚少去談及自己在當中扮演的角色，說來慚愧，主要原因是我平常總是忙著自己的工作，並沒有認真投入太多時間履行所謂「創意總監」的任務。

那麼，為什麼現在要寫這本書呢？

二〇二四年初我赫然得知一個事實，雜誌圖書館將在二〇二五年邁入第十年。十年，簡直就是現代人的前世今生。

如今變化快速的時代，無論是一家店或是一段感情，能夠持續十年而依然安好健在，都是一件很了不起的成就。於是我開始好奇，「boven是如何辦到的？」、「當初為什麼會有人想創辦這樣一個地方？」、「如何能產生持續十年做一件事的能量？」

boven的創辦人阿川是典型的金牛座，除了埋頭做事，對其他事都不大感興趣，更別說是談論自己。身為導演的我，優勢之一就是各式各樣的人都很願意跟我聊天說故事。我決定採用輕鬆聊天的方式，提出一些好奇的問題，請創辦人一一回答。

過程中，我經常恍然大悟：「原來有這樣的過程啊！」、「原來當初是這樣想的啊！」聽完這個故事之後，我發現所有創意工作的共同之處，就在於如何將想法轉化為具體行動，以及在面臨每個選擇時，能夠獨立思考並做出判斷。

我認為這個有趣的故事值得讓更多人知道。身為一個半途加入的合夥人，突然覺得該是自己貢獻一下所長的時候了，我應該好好為它做一件事，動手把這個故事寫出來，分享給更多人。

我不是商業領域的專家，這本書也不會是一本談論商業技巧的書。對於那些成功創業者以第一人稱、流露著自滿的勵志故事，老實說，我自己一點也不感興趣。我認為當今的社會太過度強調「成功」，彷彿那是評斷任何事情的唯一標準，令人感到十分疲憊。

偶爾有人拿著一些故事的點子希望我給予意見，希望能拍成電影。但我深知，一個好點子與完成作品這兩者之間，並不是「夢想」、「熱情」、「才華」這些浪漫空洞的詞語，事實上，那條道路是由無數現實的困難所鋪成，需要才華以外的各種實際條件、機緣、無數挫折，因此我很愛看電影的幕後紀實，往往可以比電影作品本身學習到更多。

這本書的內容，是一段現在進行式的創業思索，一份外表看似浪漫的事業，創辦人直率地分享各種起心動念的思考及背後許多實戰細節。各位可以用輕鬆的心情閱讀，就像看一部有趣的電影幕後紀實。

我們正活在一個人類歷史上從未有過的時代，樂趣無窮、瞬息萬變，所有人都必須在這個難以掌握的真實裡努力地自得其樂。

「分享」，是boven的核心、也是寫這本書的目的。

雖然此刻還不確定會對誰產生什麼影響，我衷心期盼，這些分享能帶給讀者一些生活與工作的靈感，正如我從boven所獲得的那樣。

現在就讓我們開始吧。

take one
一間「秘密讀者俱樂部」的誕生

第一次對談⋯⋯2024／3／6
人物⋯⋯⋯⋯⋯⋯周筵川╳傅天余

很遺憾，我不是一個富二代。

傅天余（以下簡稱傅）：今天是二〇二四年三月六日，我們第一次的訪談。

首先跟讀者說明一下，之所以會進行訪談的原因，是我打算寫一本關於「boven雜誌圖書館」的書。

為什麼要出書呢？boven雜誌圖書館，全名為boven Magazine Library（以下簡稱為boven）是在二〇一五年一月十六日開業，二〇二五年即將邁向第十年。在臺北，一家店要是能夠存在超過三年，就是一件很不簡單的事了，何況是十年。

boven這十年來一直是臺北東區一個特別的風景。第一次會來到這裡，是七、八年前某位設計師朋友約我來這邊碰面聊工作。當時我找到地址、順著樓梯走下地下室，眼前的景象讓我十分驚喜，「哇！臺北竟然有這樣子的一個地方！」有人收集了全部我感興趣的雜誌，這些雜誌原本就是平常我會買的，在這裡可以看到飽。當天我立刻加入成為會員。外文雜誌售價不便宜、也很佔空間，因此當我發現原來臺北市中心竟有一家店，集結了所有我愛看的雜誌，並且，boven的營運模式跟一般書店不太一樣，位在東區昂貴地段的地下室空間非常舒服，整體氛圍像一所「秘密讀者俱樂部」，服務親切，但顯然服務並不是針對過路客人，非常低調幾乎不做廣告，入場費驚人地划算，卻又能提供這麼棒的空間跟服務。

「這應該是個富二代文青開來滿足自己的一個地方吧！」

我當下第一個直覺是這樣。這可能也是很多人會有的想像吧。

周筵川（以下簡稱川）：很遺憾，我不是一個富二代（笑），而是一個三重菜市場攤販的小孩。

訪談前幾天我從boven走出來，一對似乎是住在附近的中年夫妻正好走在我前面，他們經過boven的時候，先生朝裡面張望一眼，隨口跟他的太太說：「那裡好像是一家書店吧？」太太不確定地回應說：「不是吧，那裡好像是一家咖啡店。」、「真看不懂它到底是在做什麼的！」先生接著說。「真不知道他們到底是怎麼存活下來的！」太太又說。

我跟在後面，距離正好可以清楚聽到兩人的談話。這對夫妻的疑問，很適合作為這場聊天的起點。很多人跟我說，boven一直是個有點神祕又低調的存在，這次說出它背後的故事，有點像是向大家揭秘的感覺。

傳 一個人為什麼會想做某件事，然後願意投入一段很漫長的生命金錢和精力去實現？人們總是很好奇這件事。就像每次宣傳電影，記者問導演的第一個問題總是「為什麼你想拍這部片？」真實的狀況絕對不是突然有天早上起床就想說不然來拍一部電影吧。你也絕對不是突然有一天醒來就覺得要來開一家雜誌圖書館吧。今天是第一次聊天，首先請周筵川介紹一下你的背景。

川 我是三重人，三重地處臺北市的外圍，自古以來就是一個很多外來移民聚集的地方，來自臺灣各地的人，離開家鄉來到臺北打拼，多數人都從事底層的勞力工作，甚至大家的印象裡，三重這裡有很多角頭流氓（笑）。簡單地形容，我出生成長的三重，是一個周遭人都非常認真踏實生活的地區，一個平凡人工作生活的地點。

我們家從阿公那代開始，就在大同南路菜市場[1]裡面賣涼圓，後來技術傳到我媽媽手上。「涼圓」是在傳統菜市場常見的一種臺灣傳統小甜點，原料很簡單，它好吃的重點在於Q彈的外皮跟裡面的紅豆餡。我們家賣的涼圓都是純手工做的，用料實在，非常好吃，我媽媽就靠著這個小攤子養活一家人。

我是家裡唯一的男生，有兩個姐姐一個妹妹。幼稚園的時候，我就會陪著媽媽出去擺攤，她會把我放在攤車下面，讓我在裡面睡覺，一邊帶小孩一邊做生意。我唸小學的時候，就會開始幫忙顧攤子，我的個性一點都不怕生，不管是學生還是叔叔伯伯阿姨阿嬤來買都會熱情招呼，告訴他們涼圓多少錢幾顆、多買幾顆會比較便宜，就這樣開始學會怎麼做生意，怎麼跟客人打交道。

傅 你當時的心得是什麼？要怎麼跟客人打交道？

川 重點是和客人打招呼的過程應該像對待鄰居朋友那樣，讓對方不會感覺到你在刻意推銷產品，這樣他們可能會接受你的推薦，願意嘗試其他口味，覺得多買一點好像有省到錢。我從小就是這樣，一直在菜市場跟客人們打交道，慢慢知道什麼是「做生意」。

小學五年級的時候，小學生很流行玩任天堂紅白機，媽媽有一天買了一台給我當做生

1 大同南路市場是當地居民日常採買的重要場所，具有濃厚的傳統市場氛圍，市場位置便利，這裡的攤販多樣，從蔬果、海鮮到肉類應有盡有，為三重居民提供便捷的生活需求。

日禮物。小時候不愛念書，她為了不讓我去電動間打電動，乾脆買一台遊戲機讓我待在家裡玩。但是當時遊戲卡帶都很貴，我的零用錢也不多，所以開始想辦法要從其他地方賺錢。

我有兩個姐姐，很愛看少女漫畫，常常偷偷買漫畫，看完就丟到床底下。有天我靈機一動，決定把她們的漫畫帶去學校租給同學，那個年代，學校附近都有漫畫出租店，我就想何不把租漫畫的經驗帶到學校裡呢？於是我在學校開起了漫畫店。沒想到生意出奇地好，尤其班上那幾個功課很好的同學，看得又多又快。這些同學平時都很認真唸書，下課就得去補習班，沒有時間可以享受這樣的娛樂，加上她們的家長通常管得比較嚴，平常不被允許去租書店，自從我把漫畫帶到學校之後，反而是這些功課好的同學看得最開心。

一開始我帶的雖然都是少女漫畫，男生也很愛看，當時環境不像現在，真的沒有太多娛樂，同學們不分性別下課就會跑來借書。我大概每天早上七點半會帶漫畫到學校，然後開始在我的小本本上登記借書，一開始我先帶個五、六本，全班至少有三分之一到半數的同學都租過一輪，一天下來，我大概可以賺個三、四十塊錢，隨著口耳相傳甚至開始供不應求，連隔壁班的同學也跑來借。

我不僅賺到零用錢，同時自己也可以看很多漫畫。你知道學校教室後面通常都會有個人專屬的置物櫃？我把自己的置物櫃改造成漫畫書櫃，再用學校運動會的啦啦隊彩球擋住，這樣既隱密又方便。因為我比較高坐在後排，上課時間不僅能清楚看到老師在黑板上寫字，還能注意到同學都在書桌底下偷看我帶來的漫畫。沒多久，開始有同學想要借回家看，讓我想到可以推出借回家的服務。我會安排好時間，白天的時候同學輪流看，等大家都輪完了，再讓某一個人帶回家看。在學校看一本一塊錢，租回去看是兩塊。這樣租書的小小生意一直持續到六年級下學期，生意一直不錯。

印象最深的是，某個月我賺了很多零用錢，買了一個七百多塊的任天堂卡帶。我媽還懷疑問：「咦！你怎麼有新的遊戲，錢哪裡來的？」我只好老實跟她說，其實是我把姐姐的漫畫帶到學校，租給同學賺了些錢。幸好我媽聽後沒有阻止我，畢竟她也是做生意的嘛（笑）。

傅　你真是商業小天才！但是都沒有人去向老師舉報嗎？

川　老師都沒有發現。這就是人性，只要有人說出去，大家就沒得看了，而且沒有人想做抓耙子被大家討厭，所以，不會有人私下去告老師。家長也都沒有發現這件事，因為漫畫可以在學校看，帶回家也不容易被發現，那些借回家的同學通常會把漫畫偷藏在書包裡，因為下課回家的路徑並沒有經過漫畫店，家長也不會知道。

傅　這不就是現在最流行的「共享經濟」嗎！原來你小學的時候就看見書的商機，已經開始發展後來boven的核心經營模式：透過分享來賺錢。

川　可以說還沒聽過「共享經濟」這個概念之前，我就在靠這個賺零用錢。而且，我學會一個最重要的事，那就是「書可以讓我賺錢！」

我不愛念書，功課很差，一直以來就很討厭課本，但是我很喜歡看課本以外的書！老師規定閱讀的那些教育部優良圖書，我都覺得無聊，我喜歡自己找漫畫來看。我對於體制內的課本上的知識不感興趣，對於課外讀物總是充滿好奇心，這個興趣之後變成我生命當中很重要的養分。

像菜市場般讓人感覺自在

傅　身為一個菜市場小孩，是否也讓你很習慣跟很多人相處交流？

川　我媽媽做生意的地方在大同南路，是一個很長很熱鬧的菜市場，小時候陪媽媽顧攤，最少都是待幾個小時，甚至待一整天。比較冷清的時候，我就會去隔壁攤位串門子，找別的小朋友玩，從第一攤逛到最後一攤，再從最後一攤逛回來。認識我的攤子老闆或者是賣水果的阿姨常常會請我吃東西，小朋友就是有這個優勢，市場裡的長輩都會照顧你，給你糖果、怕你餓就會塞給你東西吃，我每天在菜市場都過得非常開心。

很多婆婆媽媽都是熟面孔，她們每天都會來買菜，看看今天有什麼食材，尋找做菜的靈感。我天天都會看到很多客人，那樣的觀察過程很有趣，看客人買菜殺價，凹老闆買菜送蔥，或是老闆會主動給點辣椒、九層塔，我從小看在眼裡，在旁邊偷學跟客人打交道做生意的技巧。我很喜歡菜市場那樣的氛圍，很多人擠在一起買東西找東西，氣氛熱鬧愉快，人跟人之間有一種互動交流的關係。

傅 在一個很多人來來去去的菜市場成長，對你來說像是從小就開始的一種商業訓練，讓你很習慣跟不同的人相處，還有觀察客人在購物時的心理狀態。

川 從小在市場成長的經歷讓我比較不怕生，面對各種陌生人或客人都不會害怕，因為做生意不能太膽怯、太內向都不講話。另外，我還養成一個觀察的習慣，會很好奇客人來是想要找什麼？就像現在，當每一位客人來到boven，我會好奇他們究竟想要找什麼樣的雜誌。

傅 這樣說起來，你童年的市場經驗和boven的確有很多可以呼應的地方。我一直覺得boven有個很特別的地方是，它和一些氣氛高冷的書店比起來，人跟人之間的距離其實蠻靠近的，有一種輕鬆自然的氣氛，真的就像走進菜市場，架上有各式各樣的東西可以自己挑自己選。

記得第一次來到boven，你會主動過來詢問我想找什麼雜誌，平日店員也會主動問客人有什麼疑問可以幫忙，或是給一些建議。那個感受其實跟我們去逛菜市場很像。

川　boven是一個充滿人的溫度的地方，可能與我在菜市場的成長環境有關。我從來沒有想要營造一種高高在上的文藝感，或者是藝術書店的架勢，我希望它像菜市場一樣，讓人感覺自在，這也是我在營造這個空間的初衷，希望客人把書和雜誌融入日常生活當中，隨時歡迎來這裡尋找想要的東西。

傅　「雜誌圖書館」跟「菜市場」，乍聽會覺得是兩個完全不同的場域，但如果從這個角度來看，菜市場就是一個陳列著所有食材、有各式各樣可能性的地方，是日常生活的必需品，人們每天都會想去逛逛、尋找做菜靈感。創意工作者來雜誌圖書館看雜誌，其實也很像家庭主婦在尋找做菜的靈感，它的狀態不會過於嚴肅，的確是與生活息息相關。

川　因為從小在菜市場長大，我一直無意識地接收菜市場的各種訊息，耳濡目染地知道說，做生意除了產品要好，如何把東西賣出去也很重要。你要去觀察客人需要什麼，或是讓顧客感覺到，這是他非常喜歡、非常想買的東西。所以現在，我會去觀察客人站在哪一個書櫃前找東西，或者從客人的一些肢體動作，察覺對方在找東西時，我就會主動過去詢問。

也有一種狀況是，當客人拿很多雜誌在翻讀的時候，我也會好奇他在看什麼，然後再主動推薦一些書籍，有點像是進行一場閱讀的分享。就像小時候我在賣涼圓的時候，客人買一盒紅豆的，也會推薦他說「要不要試試別的口味也很好吃喔」、「我很愛這個吃起來很爽脆」、「多買一點可以跟大家分著一起吃」。其實這些也不能算是銷售技巧，因為我真的很喜歡我媽做的涼圓，真的覺得很好吃，比較像是遇到同好一樣，我用分享的心情跟客人交流，把客人當做朋友。

傅 你說的這些，就是最高明的銷售技巧！多數人應該是被這樣的氛圍不由自主吸引了，覺得boven像是一間大書房，想要找任何題目的雜誌，都可以輕鬆地開口詢問。

川 只要有客人詢問，我通常會直接走過去拿給他們，不只是告訴對方放在哪裡。因為我們每天都在店裡整理書跟上架，對書的位置很清楚。boven很歡迎大家一起來使用這裡的一切，只要你有需要都可以來問我，我跟店員都會很樂意分享。

音樂是我一輩子的興趣

傅　接下來我想談談你的就學和工作經驗。

川　因為家裡不是很有錢，國中畢業之後又因為書沒念好考到私立學校，學費很貴，需要自己打工賺學費，我半工半讀一直持續到當兵前，大概有五、六年的時間。那幾年做過各式各樣的工作，家具工廠做沙發的學徒、飯店旅館清潔員，我還送過羊奶，還有在五星飯店宴會廳做服務生。我還去過那種有小姐坐檯的酒店當少爺（笑），因為我舅舅在那裡當廚師，所以我就被叫去打工當作賺零用錢，工作內容是幫客人上菜、端茶水、換濕毛巾，酒店會有不少小費，收入其實很不錯。

我們家裡有一段時期很熱鬧，會開兩桌麻將，我媽會找一些親朋好友來打牌，她可以賺分紅，其實就像是小型地下賭場啦。打牌中間大家會肚子餓，要抽菸，要買檳榔，我就會幫忙跑腿賺零用錢，每天都很忙。我的工作經驗幾乎都是服務業，可以說，對於人跟人之間的互動往來、與不同人之間的攀談應對，都是在從小到大的訓練中自然養成的。

傅　原來如此。每個人成長的經驗，會對於長大之後的工作有很大的影響。我在一間家庭理髮店長大，客人或是附近鄰居每天都會跑過來跟我媽聊八卦。從小我就很喜歡坐在一旁聽大人說各種事情，聽他們吃什麼？想什麼？煩惱什麼？反而對於小孩子的遊戲沒有什麼興趣。童年一個令我印象很深刻的記憶是，小學四五年級，有天早上上學前我在廚房喝牛奶，隔壁一個阿姨匆匆忙忙跑過來，跟我媽說巷口有戶人家發生兇殺案，據說是夫妻吵架，太太一時激動就拿菜刀割了她先生的ＧＧ，內容很聳動兒童不宜，我記得我就是故意不把最後一口牛奶喝完，很想聽她們講，之後整天不斷在想那些可怕的細節。

我會對跟我生活不一樣的人是怎麼活著，這件事很感興趣。「原來人會這樣子想事情啊」、「人跟人會發生這些事情啊」、「人可以這樣生活著呢！」現在回想，這大概就是為什麼長大之後我會想要拍電影當導演吧。

你的求學跟工作經驗聽起來是跟雜誌、音樂、藝術文化沒有什麼關係的人生，為什麼後來會想涉及這個領域呢？

川　當時我除了打工之外，還喜歡看動畫，因為覺得裡面的配樂跟音樂很棒，開始對音樂產生興趣，於是動念想要學習音樂。去報名音樂補習班上過一段時間之後，很快領悟到自己缺少從小練鋼琴的底子，也沒有足夠天份跟長時間練習的耐性，家裡也沒有足夠的環境可以支持，很難從事音樂這一條路，便斷然地放棄了。即便如此，我還是很喜歡音樂，從麥可．傑克森（Michael Jackson）西洋流行音樂，到搖滾樂、重金屬，沉迷買各種唱片、聽更多種類的音樂。

我的個性對新的事物很有好奇心，喜歡去探索新鮮的事物，會想找各式各樣新的、冷門的音樂來聽，很享受這個探索的過程。

以前不像現在音樂串流平台那麼方便，要聽音樂，就需要去唱片行買實體卡帶或CD。我高二或高三的時候，經常會去我們家附近的唱片行串門子，那時候音樂娛樂產業蓬勃發展，光是三重一帶就有五、六家大小規模不一的唱片行。我去的那間唱片行小小的，但是店長很懂音樂，選的音樂都跟別人很不一樣，我後來跟店長買唱片買到變成熟客，會纏著他問很多問題，請他推薦有什麼好聽的音樂，到後來熟到還會陪他上班、顧唱片行，聽免費的音樂，有時候也幫他招呼客人。

當時買唱片很像現在的手遊抽牌遊戲，有時候真的不曉得那裡面是什麼音樂，會很好奇，我的英文不太好，久而久之我訓練出一種能力，會從唱片封面的圖案樣式，去推敲出那張專輯的風格，看看是不是我想聽的。

雖然我沒有機會從事音樂創作，但音樂是我一輩子的興趣，高中的時候，我喜歡聽西洋流行音樂，十九、二十歲開始聽搖滾、重金屬，那些音樂聽起來很過癮，吉他彈奏的方式、歌手演唱的方法都會讓人莫名的亢奮。我一路從國語歌聽到西洋音樂、再到電影配樂、實驗性強的音樂，地球上每天都有人在做有趣的音樂，這也是讓我一直維持喜歡聽音樂的動力！

傅 這可以解釋為什麼你雖然不是一個創作人，卻比誰都能持續熱情的投身這個事業的原因吧。

我看到的是，你喜歡音樂，所以你會想去探索，想要有機會更靠近它，甚至去上了音樂補習班，但是很快了解現實層面的限制，不管是缺乏從小的音樂基礎，需要長時間練習跟大量金錢支持，或者很多人最不情願承認的，有興趣但才華不夠。你試過之後發現自己並不適合，但這並不妨礙你還是很愛聽音樂，還是可以繼續喜歡這件事。

臺灣的教育裡，對於藝術文化的嚮往總帶有一種目的性，大人都覺得小朋友喜歡藝術文化是一件很棒很重要的事，小時候會送去學鋼琴、畫畫等各種才藝，但如果因為現實的原因遇到困難，沒有時間、沒有才華、對未來沒有用的時候，就會完全地放棄。

我覺得藝術並不需要這樣嚴肅看待，應該要跳脫目的性，更放鬆更單純地去享受其中。像歐洲人那樣，藝術文化應該是每個人普通生活的一部分，才會一直在我們的生命裡。

創作和喜愛，是藝術文化的不同面相，後者反而讓人有一個更客觀的角度。之前不是說，我進到這個空間第一個念頭——是這家店一定是個文青開的。後來當我知道老闆完全不是從事創作的人，其實是更加好奇。現在能理解，正是因為這樣，boven讓人感受到的是這個店的經營者對於雜誌的愛好，而沒有過分強烈的個人意識在其中。有一些店，一進到店裡就會馬上感受到老闆獨特而強烈的偏好（這樣也很好），但boven店裡的選書、空間的調性似乎更加開闊，容納各式各樣的可能性。

川　因為還是很嚮往跟音樂有關的工作，所以退伍之後，大約一九九七年，我便決定往這方面找工作機會。當時唱片娛樂圈很興盛，臺灣有很多的唱片行，有天朋友跟我說東區有一間很大的國外唱片行叫做「淘兒音樂城」（Tower Records，以下簡稱為淘兒）[2]有貼出徵人公告。

淘兒位於忠孝東路四段頂好大樓的二樓，一樓是麥當勞，二樓整層都是淘兒唱片。唱片行裡面很寬敞，有一百多坪，分成西洋音樂、世界音樂、日文部門、還有古典跟爵士，商品非常完整豐富。光是西洋音樂從A到Z，我就可以耗掉大半天的時間慢慢翻找。淘兒會引進一些臺灣比較少見的獨立音樂唱片，每個禮拜都會更新上架的CD唱片，現場還有很棒的試聽機，讓客人可以在這邊免費試聽音樂。我第一次目睹臺北居然有這樣子的地方，立刻產生了巨人的憧憬，很希望有機會可以來這邊工作，認識更多音樂。

應徵的時候，是一位西洋部的組長坐鎮面試。我坐在唱片行的櫃檯寫筆試考卷，上面有幾個問題：喜歡的歌手、樂團、唱片公司，為什麼想來這邊工作等等。我英文不太好，記不得那麼多國外樂團名字寫法，所以只填了最流行的麥克·傑克遜跟瑪麗亞·凱莉等等。那位西洋部主管想知道我為什麼想來這工作？我老實回答說，我很喜歡聽音樂，想要認識更多的音樂，很嚮往能待在一個擁有豐富唱片館藏的地方，希望有機會可以在這邊工作。我還跟他分享小時候把零用錢都拿去買卡帶的事。不確定是不是競爭者不多，也覺得自己回答得很差勁，但總之我很幸運的被選上了，進入我夢寐以求的唱片行工作。

傅 當時的淘兒是全臺北創意工作者聚集的地方，對他們來說是很重要的養分來源。

川 禮拜三和週末是唱片行最熱鬧的時候，那個時候唱片產業很發達，幾乎每個禮拜都有國語唱片發行，每到週末，許多音樂產業的製作人、編曲老師、歌手、樂團、樂手等都會跑來找新的音樂。各唱片公司的企劃、時裝秀的秀導、廣告導演也都常常來找新東西、找靈感。

店裡每週三固定會到一批新貨，還有從美國、英國進口的西洋音樂黑膠，當天晚上，

---

2 淘兒音樂城（Tower Records）是一家起源於美國的連鎖唱片店，成立於一九六〇年，是當時全球最大的連鎖唱片行。最能體現它精神的標語「No Music, No Life」深入人心。一九九二年在臺北設立分店，成為臺灣音樂文化的重要象徵。淘兒不僅售賣音樂專輯，還提供試聽服務和音樂雜誌，成為樂迷了解最新音樂趨勢的場所。後由於數位音樂興起，實體唱片行逐漸走向衰退，淘兒於二〇〇三年退出臺灣市場。

幾乎全臺北舞廳、CLUB的ＤＪ都會第一時間來報到挖寶。在音樂產業工作的人非常需要國外最新的音樂資訊，加上我們店長非常會挑唱片，有很多舞廳ＤＪ都相信他的品味，下訂最新的西洋舞曲音樂。大家在場輪流試聽，喜歡就立刻買下來，每個人一次都是五千、八千、一萬元這樣毫不手軟地買，通常禮拜三進貨幾百張唱片，到當天晚上就只剩四十、五十張了。

傅　光是想像那個畫面，就覺得很有趣很像電影。

川　在淘兒每天都有各種狀況不斷上演。我還遇過客人拿著電臺錄的聲音來找ＣＤ，他們聽到某一段，就用錄音帶錄起來拿到店裡說要買這張專輯，甚至還有客人直接哼歌給你聽，簡直像在考試一樣。同事們之間也常常玩遊戲，例如有時候看客人在某一區逛很久，我們就會默默進行測試，比如他在搖滾區某一個字母那邊停留很久，我們就會挑選那一區的音樂來放，很大機率，客人不久之後就會跑來問，這也是算是一種聆聽體驗的行銷訓練吧。

傅　那個年代可以在淘兒工作，是很得意的一件事吧？

川　我們的店長以前是華納唱片西洋部的主管，同事也都是待在這邊工作多年，除了唱片行店員之外，他們其實都還有不同的身分，有人晚上在夜店當DJ，也有人是在玩音樂的樂手，還有音樂科系的學生，每一個都是很有個性又有趣的怪咖。

有個女同事叫Vista，每次我上班的時候，都會看到她在後面小櫃臺打瞌睡，因為她晚上會去夜店當DJ。很多店員經過淘兒的訓練後會去兼職當DJ，也有同事在玩樂團當樂手，還有一些人之後被找去當唱片企劃。

在淘兒工作最棒的地方，就是店裡每一張CD，店員都可以打開來試聽，唱片行後面的櫃檯是一個可以放音樂的DJ臺，菜鳥還不能碰，大概做了一年之後，我才可以去播自己想要聽的音樂。我們店員經常會播一些自己覺得很好聽的音樂，然後用店裡的客人來測試。有時候這張專輯進口數量很少，播出來之後立刻就有客人過來問，這時，有的店員會故意愛理不理，其實是因為不情願把自己喜歡的唱片賣給客人，生怕它就這樣被帶走了，就假裝說這是非賣品。很像一部我很愛的電影《失戀排行榜》（*High Fidelity*）

裡傑克．布萊克（Jack black）飾演的胖店員。

每個禮拜三黑膠唱片進貨的時候，在夜店工作的同事都會先挑一輪，挑完自己想聽的再給客人選。大家來這邊不只是上班，也是來挖寶，每個人都是真心很愛聽音樂，上班都在找自己喜歡聽的音樂，然後輪到站櫃檯的時候，因為不能選歌，所以對客人的臉色都會比較難看，遇到品味不好的客人有時候就懶得理他，或故意忽略，現在想起來真是有點過分啊（笑）。

傅 以前走進淘兒印象中會有點害怕，每個店員看起來都很專業很有個性，像是來到精品店，會覺得店員肯定一眼就識破「你是不懂音樂的人」。

川 我從一九九七年開始在淘兒工作，一直做到二〇〇三年，那段時間我每天上班都非常開心，唯一的缺點是沒有存到什麼錢就是了，因為每個月賺的錢都拿去買CD了。每個禮拜，店裡的進口專輯，有一部分根本都是店員自己的訂單。

我那個時候還在店裡負責外文雜誌進口的工作，除了聽音樂，其他時間也要看很多資料做功課。在淘兒很重要的工作任務之一是幫客人找東西，不管是CD、唱片、還是雜誌，每個禮拜進貨的時候，我們店員都要很認真，要先知道有什麼好東西，先去看過聽過，才能夠推薦給客人。有些熟客甚至會時間一到，就直接打電話來問東西來了沒？所以都要事先做好準備。

比如一些時尚圈的秀導是大戶，每個人都超級忙，根本沒什麼時間慢慢挑，所以我們要先做好功課，客人一到店裡，馬上把他可能會喜歡的東西端出來，不管是音樂還是他想看的時尚雜誌，一大疊搬到櫃檯讓客人挑選。像是時尚圈的大前輩洪偉明老師、還有現任《Bella儂儂》雜誌的總編輯David Huang，他是雜誌編輯，非常喜歡聽音樂，經常會來。還有一些後來很知名的歌手，像林強、周杰倫、陳綺貞、陳珊妮、很多樂團主唱當時都常常來找音樂，每個人都真的很認真地在做功課啊！

傅 在那個還沒有網路、資訊取得不像現在這麼方便的年代，人反而有特別強烈的渴望，想獲得自己感興趣的資訊，當時你從唱片行店員的角度，看到創意工作者他們工作上需要靈感跟刺激、需要這樣的一個場所，你從淘兒的工作經驗獲取的養分，對於之後創立

boven 有什麼啟發嗎？

川　在唱片行工作，需要大量訓練自己快速的去聽音樂跟看雜誌，並且快速掌握當中的創意手法，才可以推薦給客人，我這個能力就是那個時候鍛練出來的。

像是每一個音樂廠牌都會有自己的風格，只要看到樂團或歌手的名字，就立刻知道是什麼風格，累積越來越多的專業知識之後，到後來，我光是看唱片封面就能八九不離十推測這是一張什麼樣風格的專輯，可以很快地判斷是舞曲、搖滾、或是電子、迷幻，甚至猜出唱片公司名稱、樂手風格等。

厲害的客人也是我的老師

傅　你第一次接觸到大量外文雜誌，也是在淘兒嗎？

川　去那裡上班前，我只知道淘兒賣很多ＣＤ和唱片，並不知道它還有進口這麼大量的外國雜誌，包括時尚雜誌、設計雜誌、攝影雜誌和音樂雜誌等等。

進來後不久，我被分配到負責外文雜誌的採購、陳列、上架、進退貨等業務，之後慢慢熟悉業務內容，像唱片一樣，也認識了各種雜誌。那時候看最多的當然是音樂雜誌，像是英國《Q》，還有美國的《billboard》、《Rolling Stone》這些重要的音樂雜誌。《billboard》有每個禮拜的音樂排行榜一定要看，《Rolling Stone》跟《Q》是每個月出版，裡面會有一些很重要的發行情報，有哪些歌手、音樂家會上封面等，我就像這樣子每個月看很多雜誌，從一個看雜誌的外行人，慢慢熟悉，開始認識每本雜誌的名字。那個邏輯跟唱片品牌很像，光看封面就能辨識是生活風格、時尚、室內設計、平面設計等哪個分類。

經過大量快速閱讀的練習之後，就可以掌握每本雜誌大致的風格路線，拿到手先是快速地從雜誌封面判斷這一期大概有什麼內容，然後再花點時間翻閱內文，進而思考這是不是客人需要的東西？可以推薦給誰？

傳 在全世界最大的唱片行上班，就像是一種免費練功的過程，讓你打開眼界、認識無數的好音樂跟好雜誌。

川　厲害的客人也是我的老師。記得當時有一位熟客，他的職業是一位攝影師，每個禮拜只要是CD或是雜誌的新品到了，那位客人就會自動出現，在固定時間來店裡看看有什麼新東西。他很喜歡看時尚雜誌，像《i-D》、《Dazed & Confused》，還有一本英國雜誌叫《the Face》，都是那時候幾乎人手一本必買的雜誌。他常常會告訴我哪一期的時尚主題攝影很好看、哪裡很厲害，音樂雜誌更不用說了，排行榜榜單裡面的專輯只要架上有進，他就會毫不猶豫都買回家。

我也會花許多時間和客人交流，從他們身上學習如何去看雜誌、聽音樂，從他們各自的專業觀點去了解廣告創意人的看點是什麼？哪裡是有趣的、有創意的？這些練習跟交流的過程，讓我更知道怎麼去閱讀雜誌。

傅　後來你是怎麼離開淘兒的呢？

川 我在淘兒做到了副店長的職位，二〇〇三年遇到SARS，加上那時候MP3非法下載、盜版猖狂，音樂產業受到了很大的衝擊，購買實體唱片的需求急速減少，唱片行也很快受到影響，一家接著一家收掉，最後終於到了無法再經營下去的狀況。淘兒宣布退出臺灣市場時，我就是負責結束營業清掃的人，內心很捨不得，像是失去青春時代一個很重要的支柱，但這也是沒有辦法的事。

淘兒在我的人生中，真的是非常重要的一個轉捩點，我很幸運在年輕的時候，因為喜歡音樂，進到了當時全世界最重要領導品牌的唱片行工作，那裡有一群最厲害、最有趣的創意人聚集，那真是一段很棒的時光。

No Music No Life，這是淘兒唱片的標語。喜歡音樂是一輩子的事，直到現在，我當時爵士部門、西洋部門的同事，好幾個人仍在唱片行工作。

傅 當時淘兒和敦南誠品書店是臺北重要的藝文潮流資訊據點，各種創意人士聚集在這裡尋找創作靈感。這段工作經歷，有影響你後來成立boven嗎？

川　不只是影響，可以說是具有決定性的關鍵。在我腦海中，因此無形種下了日後boven的種子吧，當中最重要的關鍵是，我看到很多人需要這樣的一個地方。

後來我將這樣的場域概念轉換成boven的雛形，將唱片換成雜誌，內在邏輯其實是一樣的，也很像我從小成長的菜市場，我想我就是喜歡像這樣熱鬧豐富的氛圍，很多人可以來這邊尋找他們想要的靈感。

日雜宛如另一個全新宇宙

川　淘兒二〇〇三年結束之後，我曾短暫在電臺擔任音樂編輯一職，因為我覺得這份工作還是可以聽很多音樂，經常可以拿免費CD，這也是那時候選擇去電臺工作很重要的原因，我還是希望自己的工作能夠和音樂產業有一定程度的關係。電臺播放的音樂主要都是國語歌為主，在那邊，我也認識了很多優秀的國語歌手和樂團。

那個時期的唱片產業，已經非常低迷，相關的工作機會越來越少。不過我還是任性按照自己喜歡的興趣去找工作。後來我想到，自己很喜歡看雜誌嘛，所以就去一家專門進口日文雜誌的專賣店「雜誌瘋」上班。

在淘兒工作，我才發現原來世界上有這麼多唱片公司，在「雜誌瘋」工作，才知道原來世界上有這麼多有趣雜誌，也讓我認識更多雜誌類型跟出版社。日本的出版產業原本就非常發達，很多類型的雜誌是我以前從未涉獵過的範疇，當中也有很偏門的，比如特攝模型雜誌、以及各種汽車、眼鏡、手錶、相機的專門雜誌等等，每一期都不斷推陳出新。

日本雜誌跟我過去認識的西方雜誌風格不同，我彷彿又跨足到了一個全新的宇宙。我開始學習如何閱讀日文雜誌、訂購日文雜誌，了解雜誌進書的上下游流程，還有日本雜誌的多元豐富。

傅　說到「雜誌」，日本應該是全世界最厲害的國家吧。日本雜誌的編輯設計創意、還有影像照片的質感，都具有日本獨特的美感，尤其日本人對於資訊整理的能力，真是厲害得可怕！

川　日文雜誌有ㄨ多種類型，但「雜誌瘋」的店面空間沒有過去在淘兒那麼寬敞，我開始在雜誌商品的陳列上，下了很大的功夫，思考怎樣可以更吸引人，包括店頭的陳列、顧客動線的規劃等等。

我的觀察是，如果架上的雜誌排得太整齊，反而沒有人敢拿起來看。但如果有一個好的陳列，客人會因為你的無形引導看見你想要推薦的雜誌，進而產生興趣拿起來翻閱，因此書架需要經常性的整理才行。我會默默觀察客人的喜好，進而做滾動式調整的陳列練習。

當時有一段時間，我是在「雜誌瘋」華納威秀的分店服務。華納威秀是一個人來人往、流動速度很快的戲院商場，客人通常只有在等電影開演之前十幾分鐘，或是散場後那段時間短暫停留，如果商品沒有很快速引起他們興趣，客人就會馬上離開。我那個時候很常一天更換五六次書架的陳列，一直不斷做測試。我的心得是，如果某一本書或雜誌一直都沒有人拿起來看的時候，就代表陳列是不合格的，需要加以調整。

練習的過程中，我也發現，其實店頭商品的陳列，某種程度上跟雜誌的版面一樣，如果擺得太整齊，乍看起來會很有系統，但是顧客反而容易感到無趣。客人會很快速瀏覽瞄過架上的雜誌，但視線並不會停留，就像是雜誌內頁設計，設計師也需要內建一個視覺的引導動線。

雜誌版面中的圖片跟文字交錯，也是同樣的邏輯。應用到雜誌陳列方式來看，圖片像是雜誌的封面，文字就像是雜誌的書背。正因為間隔交叉書封、書背等陳列變化，刻意地破壞或中斷客人瀏覽過程的流暢度，讓他們的視線因而停留片刻。

比如威秀的「雜誌瘋」櫃位，是一個立面的長方形空間，我會透過陳列，在這個版面裡創造四五種不同的陳列模式，利用留白、堆疊或是側擺的技巧，用不同的陳列模式做出變化，加上現場隨時調整，讓我學會許多別的地方學不到的獨門陳列技巧。

傳 用雜誌內頁的版面邏輯來進行商品陳列，你是如何學會這樣的能力？

川 都是我自己摸索出來的。以前唱片CD或黑膠都是一塊一塊的，比較沒有太多的排列變化。但雜誌的開本裝幀更多元，我會在書架前一邊認識雜誌，一邊進行陳列的練習。

到「雜誌瘋」工作之後，因為看了更多雜誌，無形中腦內就會對於這些書籍雜誌的尺寸大小、厚薄程度、甚至是雜誌封面的顏色產生概念，有時候我會刻意將相同顏色排成一整列，可能是紅色、也可能是黃色，不斷嘗試在不同的雜誌類型中，找出一個最適合、最好看的陳列方式。

還有我很喜歡觀察客人，要是發現這樣排起來，好像沒那麼有銷售效果，客人好像都不會拿起來看，我就會去思考為什麼擺這個樣子會沒有人拿起來看，花很多時間持續做滾動式的調整。

我自己在當店員的時候很少閒下來，一有空就會把雜誌打開來看，或是調整陳列，或是做點清潔打掃、整理店面的工作。我的性格不太喜歡一直做重複的事，喜歡找到讓工作變有趣的方法，店內的同事大概只有我會很主動做這些事情吧。

傅 原來如此，陳列真的可以是一件有趣的事，而且你可以立刻在實體店面裡練習。

川 同時，我也逐漸熟悉雜誌的採購流程。日文雜誌出版的時間都比較早，譬如現在才十二月，但日本雜誌出版進度超前到明年二月，所以在幫客人訂購的時候需要特別說明。這些重要的專業知識，對於之後營運boven也是很重要的專業能力。

離開「雜誌瘋」之後，有一段時間我曾去中國廣州的「方所書店」擔任雜誌採購顧問，負責整理訂書補書的流程，我發現店內的陳列方式可以做調整，便協助他們進行調整，調整完雜誌區，業績立刻從兩萬塊增加為六萬塊人民幣。可見透過有效的陳列調整，可以立竿見影，再加上做好訂書補書的流程，都可以有效幫助增加銷售額。這些都是在「雜誌瘋」工作時學會的。

將訊息傳遞給需要的人

川　我也是在「雜誌瘋」學會如何更快速的跟客人介紹雜誌的內容。通常客人待的時間都很短，大概只能停留十幾分鐘，店員必須要在很短的時間裡，用有效的方法，提高購買的機率。

記得有次遇到一整個家族進來閒逛，我不厭其煩拆了上百本的書和雜誌給他們看，每本都詳細介紹，他們原本打算看完電影然後去誠品買書，最後卻變成在看電影之前買了兩萬多塊的雜誌。也有過因為我的服務太好，客人看完電影之後，還特地繞回來繼續買雜誌。

這中間發生過一個很難忘的小故事。有一次，一位大哥跑來店裡想要買一本日本版的《Vogue》，這位大哥說那期雜誌裡面有附一本小冊子，裡面有一部妮可．基嫚（Nicole Kidman）主演的電影介紹，大哥說他需要的是這本附錄。可惜他想要的期數過刊、也已經賣完了，我很遺憾無法賣雜誌給他。隔幾天放假的時候，我去朋友的店喝咖啡，突然看到他們店裡有那本雜誌，朋友說那本廣告小冊子反正沒有人要，就讓我拿走了。喝完咖啡後，我把小冊子專程送去那位大哥的公司，去了之後才發現，原來他是做手工訂製西服的師傅。那位大哥當時不在店裡，我請店裡的師傅轉交，隔沒幾天，大哥竟然親自送一盒水果到店裡，要感謝我送他的那本小冊子幫他做了一筆二十幾萬的生意。原來因為亞洲人和歐洲人的身形不同，師傅需要參考小冊子上的電影服裝資料去拆解版型，照著書裡的衣服修改。

從這位西裝店老闆的故事，我首次深刻體會到「提供人們真正所需」的重要性。當訊息能夠準確傳遞給需要的人，就能創造出真正的價值。

那個水果禮盒的肯定，是讓我更確定想開boven的一個重要啟發。

傅　聽了你的成長背景跟工作歷程，讓我覺得，每位創業者身上都有著各自獨特的因緣，在尚未萌生創業的念頭之前，其實人生已經依循著個性與興趣，默默在朝著那個方向前進。

在每一段工作過程中，你的第一考量通常不是為了賺錢，而是因為興趣選擇工作的方向。雖然那個時候還不知道未來會做什麼，其實從此刻回頭看就會知道，在每一個階段裡，你都學會了一項很重要的專業技能，對於後面要做boven這件事，這些都是缺一不可的能力。

川　在工作過程當中，我理解到自己對人有服務的熱情，一點也不討厭這件事，甚至可以從中獲得成就感跟樂趣。可能是天生的個性，或是因為一直都在服務業工作的關係。我也透過近距離觀察，了解創意人的需求是什麼，或是他們想要的服務方式是什麼。最重要的是我始終相信，當資訊遇到對的人，無論是專業人士或是普通人，只要是有需求的人，資訊就可能變成啟發靈感的創意，可能產出無限的價值。

傅　聽起來boven的起點，並不是來自一個浪漫的夢想，創業前你的思考跟準備都很踏實。

如果很單純只是停留在興趣，或許就不會想要它變成一個創業計畫了，反而會期待這世界上有人去做這件事情就好了。

川　大部分人都一樣，僅憑興趣不足以成為推動你從事一項龐大計畫的動力。很多比我有錢有資源的人，為什麼都沒有人想到來做這件事？或許是因為他們沒有足夠強烈的動機。

從二十幾歲開始累積的各種能力，逐漸讓我有這樣的認知跟自信：不是只有我一個人喜歡看雜誌，還有很多人也喜歡並且需要這個服務，因此，我開始覺得沒有別人比我更適合來做這件事。「我是最適合的人選」，這並不是盲目的信心或自戀，而是明確知道，我想做的這件事是被很多人需要的。有一個明確的市場需求、有清晰的顧客輪廓，我知道這群人是誰？在哪裡？他們需要什麼？還有最重要的，我很喜歡這件事。

傅　這跟電影很像，就像你的結論，要很明確知道自己具備做這件事情的能力，然後有自信，「自己就是最適合做這件事的人！」我想這是創業者最重要的體悟。

tips 雜誌陳列技巧

雜誌面擺

陳列方式：將雜誌封面完全朝外展示，第一時間吸引顧客的注意。

視覺效果：顧客往往會根據封面做出購買決策，面擺的陳列方式，能有效提高雜誌的曝光度和銷售機會，讓顧客一眼就能捕捉到封面設計和主題，尤其是那些色彩鮮明或有偶像明星的封面，更容易吸引視線。

平台式堆疊陳列

陳列方式：將雜誌以水平堆疊的方式擺放於平台或桌面上，通常是將數本雜誌平整地疊放起來，讓顧客可以從上往下翻閱。這種方式適合展示多本同類型雜誌或同一系列不同期數的雜誌，顧客可以輕鬆取閱。

視覺效果：平台位置通常設置在顧客視線和手部容易接觸的高度，這樣能自然地吸引顧客的目光。放置在頂端的雜誌封面，往往成為吸引顧客的第一個視覺焦點。平台式堆疊陳列有助於吸引隨意瀏覽的顧客，進而增加翻閱和購買的機會。這種方式尤其適合書店或書報攤等展示空間，能讓顧客更輕鬆地進行互動。

tips

雜誌側擺＋雜誌面擺＋雜誌交錯

陳列方式：將部分雜誌以側擺展示書脊，部分雜誌封面朝外，兩者交錯排列。

視覺效果：利用有限的空間展示更多內容，側擺的雜誌吸引那些對具體內容有明確需求的顧客，而面擺的雜誌則能吸引隨意瀏覽的顧客。交錯的陳列能製造視覺上的變化，增加瀏覽的趣味性。

tips

● 同色系雜誌面擺

陳列方式：按照封面顏色將雜誌進行分類，並以面擺展示，形成一個統一的色彩區塊。

視覺效果：顧客的視覺會被自然吸引到色彩一致的區域，給人整齊、有秩序的感覺，對於重視設計感的顧客尤其具吸引力。此外，這樣的展示也能幫助顧客更快找到自己喜歡的風格或主題，縮短瀏覽決策時間。

tips

● 同類別雜誌堆疊＋推薦雜誌面擺

陳列方式：將相同類別的雜誌進行堆疊展示，並選取其中最為推薦的雜誌，以面擺方式展示在前方。

視覺效果：顧客首先會對分類明確的區域產生興趣，並會被面擺展示的推薦雜誌吸引。一旁堆疊的陳列方式），則能吸引有興趣探索的顧客翻閱，促使顧客在瀏覽過程中進行更多互動，進一步增加購買機會。

take two
開店前的風險測試

第二次對談⋯⋯⋯2024／3／20
人物⋯⋯⋯⋯⋯⋯⋯周筵川╳傅天余

先找到一個地方「做實驗」

傅　今天是二〇二四年三月二十日，第二次的訪談。上一次聊了你的成長跟早年工作經驗，你對於音樂、雜誌的喜愛，再加上淘兒、雜誌瘋的專業訓練，讓你不斷累加創業需要的能力。你是什麼時候開始產生這樣的想法，想要開一家「雜誌圖書館」？

川　在雜誌圖書館開館之前，我也有過幾次短暫創業，因為還是希望工作能和我熱愛的音樂維持緊密的關係，所以我選擇開了一家獨立唱片行。唱片行跟書店是網路年代之前常見的零售模式，店家需要先自行買進很多貨庫存，再進行銷售。唱片行開了之後，我很快面臨到現實的問題，就是錢燒得很快。以商業模式來看，開一間這樣零售獨立小店，成本是很高的，除了店租，營運需要大筆的資金周轉，包括人事、水電、房租、進貨費用等，加上開店經驗不夠，地點選在一個比較偏僻、沒有什麼人流的地點，我很快就認知到自己並沒有那麼充足的資金，可以長期支持這樣的運作，便毅然決然地把店收起來，又回去「雜誌瘋」上班。

因為愛看雜誌，後來我陸續蒐集了很多雜誌，有天想起小時候在學校租漫畫給同學的經驗，「以前的租書店，不就是當下最流行的『共享經濟』啊！」我內心突然生出一個「雜誌共享閱讀機制」的念頭，覺得這似乎是一個可行的商業模式，而且我好像是可以來做這件事。從時間點來看，大概是在我三十三、三十四歲的時候，內心開始有了這個想法。

傅 很好奇你在哪些方面做了哪些準備，讓你有自信可以開這樣的一家店？

當我今天坐下來跟投資人提案說想要拍一部電影的時候，我必須先做好許多準備，把想做的事情想清楚，劇本也寫好了，電影概念與商業輪廓都想清楚，預算需要四千萬還是六千萬，為何要花這些錢？想要找哪位明星演員？這部片的市場規劃是什麼？這些都需要有所準備。

川 我的作法是，先找到一個地方「做實驗」。透過朋友的介紹，我認識漫畫租書店老闆，我跟他談合作，希望把自己收藏的雜誌放在店裡提供租借。

那是間位於仁愛路圓環的連鎖漫畫租書店「白鹿洞」，選擇這家店有幾個原因。首先，一直以來我都在臺北東區這個區域工作跟生活，很熟悉這個地方，再加上這裡有誠品敦南、淘兒，是臺北大量創意工作者聚集的地區，有許多需要專業最新資訊的族群。當時我一邊上班，一邊累積雜誌——包括了經常有客人詢問的書，及自己喜歡的設計、流行、時尚等雜誌，把清單整理好，開始在租書店裡提供借閱的服務。

剛開始每個月大概放四十、五十本提供借閱，半年後發現確實有很多人會使用這個服務，雜誌種類才逐漸增加到六十、七十種。我從精選少量商品開始，經過一段時間的測試之後，發現如我所想，確實有這個市場需求的存在，而且遠遠超乎我的預期。不到一年，店內提供租借的雜誌數量就成長到幾百本，每個月有好幾百個人來租借。

同時間，我也開始測試這個服務的收費價格。我花了蠻長時間去實驗消費者的消費意願，比方有些客人一個月剛開始是預繳五百元，後來很快加碼成一千元，甚至願意為了「雜誌看到飽」方案預繳月費。我中間也增加各種不同的服務測試，除了單本租借之外，也開始針對店家或公司為單位推出月租方案，每個月收費從一千元到兩千元，慢慢找到一個店家普遍願意接受的金額。

傅　你那時候收藏的雜誌是如何分類？還有跟漫畫店老闆的分潤又是如何？

川　非常感謝那位有遠見的租書店老闆（笑），那時候每個月都會進將近兩百本的新雜誌，種類至少超過一百種，所以必須要分區擺放。老闆將原本漫畫區跟DVD區各騰出一個空間，我照著這個分區去做分類，主題包括時尚、設計、旅行、美食等，和現在boven的基本分類差不多。我跟老闆的分潤方式很簡單，書租出去的時候，比如一本是五十元，我們就一人一半。

傅　從這個租借雜誌的實驗當中，你發現有許多有需求的客群，這些人是誰？可以再詳細一點跟我們分享嗎？

川　我以前在「雜誌瘋」工作時，認識很多會固定買雜誌的客人，他們大多是自己開店或是各個領域的專業工作者，譬如髮型師、造型師、攝影師、室內設計師等等，還有一些關注時尚，喜歡看服裝雜誌的客人。

後來我在仁愛圓環「白鹿洞」開始提供雜誌借閱的服務之後，我告訴他們這個資訊，他們便陸陸續續會到店裡來找我，再加上原本租書店就有租借雜誌的客人。租書店地處東區黃金地帶，大家的收入跟生活的品味都很好，對於閱讀外文雜誌都很感興趣，他們也很樂於用這種便利的方式看很多雜誌，甚至還吸引了一些其他地區的客群，特地坐捷運來店裡看雜誌，甚至付費租借回家。

傳　在拍片圈之間很多人也都知道當時仁愛路圓環有一家「白鹿洞」，可以借到比較特別的外文雜誌，變成一個有點像是口袋寶貝般的地方。外文雜誌價格不便宜，在書店也都用塑膠袋包起來不能拆開看，所以聽到有這個服務的時候，馬上口耳相傳。

川　因為地緣關係，東區位在臺北最核心的地段，從以前就是創意人聚集的區，周邊有很多最新潮的公司行號，店家　髮廊、設計公司、餐廳等，附近居民也是比較有經濟能力的客人，都是我的主要客群。

我當時會把大部分薪水拿來買雜誌。雜誌跟書不一樣，書買一批就可以放著，但雜誌會不停的出刊，必須每個月持續投入，而且客戶也會需要一直看新的雜誌，所以我必須繼續投入成本，人家是存錢存股票，我是存雜誌。當時還不清楚何時可以達成目標，就這樣內心一個想法，持續等待合適的機緣，就這樣準備了五年，累積了一、兩萬本雜誌。到後來覺得差不多時，我就把工作辭掉，專心準備「雜誌圖書館」這個創業計畫。

傅 有趣的是，當你有一個創業的想法，並沒有貿然地就直接去開一家店。而是在真的創業前，先找到一個方法做實驗，用最低成本，先「寄生」（抱歉，這個用詞似乎有點粗暴）在別人的空間裡，使用該店本身租書店的模式，幫自己想做的計畫找出適合的營運模式。

川 當時不管現實的條件或是自己的資金準備都還遠遠不夠，但我就是想要開始行動，於是想到這個方式，先試看看這樣的服務模式是否可行，先進行自己能夠承擔範圍內最小風險的測試，另一方面也磨練自己要更了解現實面。透過這樣的過程，也逐步累積潛在客戶的喜好，可以更精準挑選客人想要看的雜誌類型。

我很喜歡親自跟客人互動，除了累積服務經驗，也會發現服務可以調整的地方，同時

tips

「最小風險測試」驗證商業模式

創業初期，資金和資源有限，「最小風險測試」可以先驗證商業模式是否可行，可以降低創業風險及初期成本，為正式創業打好堅實基礎。

- **選擇低成本的實驗場域**
  省下租金、裝潢等成本，將資源先集中在產品與服務，在一個已經有穩定客流量的場域，測試商業模式。
- **從小規模開始，逐步調整服務內容**
  可以根據市場反應，逐步調整服務內容，並在過程中，更精準地掌握顧客的需求，避免資源的浪費。
- **測試不同的定價策略，尋找市場「甜蜜點」**
  嘗試不同的定價策略，在正式開業之前，就對市場價格有更清晰的了解，避免定價過高或過低，影響營收。
- **累積顧客資料，建立顧客關係**
  累積潛在顧客的資料、喜好、消費習慣，成為經營的重要參考依據，可規劃更符合顧客需求的服務內容。

摸索定價策略。從二〇一〇到二〇一五年這五年，我一邊摸索一邊兼顧工作，其實過得很累很辛苦。但是這五年對我來說，是非常難得的經歷，甚至可以說是創業前最重要的準備功課，為後來boven打下了最重要的基礎。我更加確定，自己想要提供的「雜誌共享閱讀服務」是可行的，有很多創意人需要它。

傅 這讓我想到，在製作電影時，每個導演很想逃避但是又必須面對的一個問題是：「這部電影要拍給誰看？」在製作一部影視作品之前，電影公司會依賴許多事前經驗做各種市場分析，近年也依賴各種大數據進行判斷。但同時我非常了解，當想到一個好點子迫不及待想要啟動時，創作者必然都是充滿信心，相信自己的點子肯定一推出就有市場。

川 我見過很多例子，有些人辛辛苦苦耗費了積蓄跟時間，好不容易開店之後，才突然發現產品似乎不符合市場需求，找不到足夠的客人，不久就經營不下去而倒閉，然後慘賠收場。我的資金不多，必須盡可能排除這樣的風險。要開始一個創業計畫時，無論是透過什麼樣的形式，千萬不要怕麻煩，多花一些前置準備的時間，確定有市場存在，清楚你的潛在消費者的樣貌，以及他們可以接受的價格定價，要很清楚你的客戶想要的是什麼，另外，還要確定自己真的可以保持熱情，持續每天做這件事。

圖書館模式解決對保存的焦慮

傅　「雜誌圖書館」的概念是怎麼來的呢？你如何設定boven的服務概念和命名的呢？可以更詳細說明嗎？

川　我自己是雜誌的重度愛好者，同時從販售端清楚看見這個需求。做創作或是潮流時尚產業的人，永遠就是要帶給消費者他們還不知道的事，需要走在世界資訊跟美學的最前端，需要各種最新的情報作為創作的靈感刺激，我也知道大家為了要得到這些資訊，需要花費不少金錢。有沒有更好的方式可以滿足這個需求呢？

如前面所說，我從十幾年的工作經驗中，了解外文雜誌的豐富有趣，了解到有許多喜愛看這類雜誌的人，但是他們的使用需求並沒有完全被滿足。我看見這裡有一個市場缺口，那可以怎麼解決呢？這就是我好奇心的起點。一方面來自我個人的需求，一方面來自我服務過的客戶經驗。我想要來解決這個問題，並且鎖定「雜誌」這個載體。

傅

以我自己為例，導演工作需要大量參考各種最新資訊，我的個性也對生活充滿好奇，外文雜誌一直是我重要的資訊來源，從出社會工作之後就會買。但是購買國外雜誌有幾個煩惱，第一是所費不貲，對荷包來說是一筆不小的負擔。第二是雜誌很佔空間，還有臺灣濕氣重的保存問題。所以boven對我來講，一次完美解決了這些困擾，我可以用少少的費用，隨時到一個很舒服的空間看雜誌，還可以有地方可以坐下來把工作完成，是一個非常有效率的模式，而且是超乎我想像的品質。

川

就算現在是網路閱讀的時代，也不可能完全取代紙本雜誌，實體紙本雜誌仍然有其無可取代的表現力，尤其是排版設計以及高質感的攝影圖片，實體拿在手上閱讀是屬於主動性的閱讀，才能真的具有啟發力。

大家可能在資訊搜尋和使用上會遇到各種問題，透過我的服務，讓大家不需要花很多錢，就可以看到很多雜誌。雜誌的保存也是我想要幫大家解決的問題。

傅

過去買雜誌還有一個困擾，雜誌不像書本或出版品，會一直擺放在書店裡，而是需要每個月都趕快買不然就會很快消失。雜誌出現在書店或書報攤通路，可能最長就只有一兩個月，之後就完全找不到了。

川　書會一直存在，它被放在書店流通的時間通常超過半年以上，對讀者而言比較容易取得。大家對於雜誌有一個誤解是「時效性」，但是好的雜誌其實可以超越時效性的。

明明是很棒的雜誌，內容非常紮實，並不只是有最新一期才有價值，但市場上就是會依照販賣的週期評價一本雜誌的價值。過刊了之後，就比較難找到之前的期數。其實好的雜誌是跟書一樣，內容是持續有保存價值的刊物。像日本雜誌做得非常棒，收藏者的困擾就是捨不得丟，希望保存但又真的很佔家裡空間，這是所有喜歡雜誌，會大量買雜誌的人共同的困擾。所以我想用圖書館的模式解決大家對這件事情的焦慮，雜誌既然每一期都有實用價值，它應該要有個地方能被好好的對待。

讓 boven 能夠實現的貴人

傅 雖然有好的構想，還是需要各種資源到位才能實現。說到開店，最關鍵的是要有一個適合的地點，可以打造你所說的，一個雜誌專門的閱讀空間。那麼這個合適地點是如何找到的？

川 故事來到這裡，就像英雄電影第一幕一樣，突然有個意料不到的轉折降臨，神奇的事情發生了（笑）。我在租書店提供服務的第三年，腦中就開始在計畫這件事，正不知該如何前進時，我認識租書店對面一家咖啡店的店長，彼此成為了很熟的朋友，跟她聊天時我提起想要在東區找店面開一家「雜誌圖書館」的想法。這印證一個道理——當你真心對宇宙許願，天使就會出現了。這位店長朋友說她恰好知道有一位女士，也就是我現在的房東，在東區有一個地下室的閒置空間。或許可以找她聊聊。

房東陳女士是一位事業做得很成功的企業家，我稱呼她陳董。陳董很熱愛與支持藝術文化，也是臺灣阿卡貝拉音樂的重要推手。陳董在東區擁有一間大樓一樓與地下室的空間，多年前因為颱風淹過水，之後地下室便一直閒置了快二十年都沒有使用，我看到的時候是呈現廢墟狀態。房東一直想要整理這個空間，但遲遲沒有一個好的理由或想法。

我那位朋友熱心將我的想法先分享給房東，居間幫忙傳遞了許多訊息，她說房東聽了之後對這個構想很感興趣。

我第一次見到陳董，她很仔細地問我為什麼會想要做這件事情？之前已經準備了多久？買了多少雜誌？就像面試一樣。聽完我的經歷，陳董非常認同我的想法，因為她一直以來十分支持藝文產業，加上了解我已經花了五年的時間做準備，證明我有多想做這件事。聽完我的計畫跟將來打算的作法，陳董給予非常大的支持，願意用她的方式租給我空間，幫助我促成「雜誌圖書館」的計畫。

傅 準備好了，貴人就會出現。我想我了解陳董的想法，關鍵的原因是你對你熱愛的事情已經堅持了夠久，一直沒有放棄，也積極的跟身邊朋友分享，因此把資訊傳出去，就像大家常講的吸引力法則，奇妙的因緣就可能讓你遇到願意幫助你的貴人，透過擁有的資源加速讓這件事發生。

川 首先因為我有一個很明確想做的事情，並且深信那是值得的，所以機運會讓貴人出現。

陳董也是白手起家的企業家，希望自己的資產可以被好好地活化運用，物業可以被好好地打理照顧，而不只是租給一些出得起很高的租金、但是讓她沒有安全感的業者，萬一把房子弄得亂七八糟，或是因此被鄰居投訴，這是她最不想要沾惹的麻煩。她希望房客可以好好照顧活化空間，做有價值的使用。

房東是一位大氣而正派的企業家，對她來說，最重要的是能夠讓資產充分發揮價值，運用在有意義的事情上。她很認同我做「雜誌圖書館」的概念，覺得不管是對促進社會發展也好，還是基於企業家支持藝文產業的精神，願意用自己的方式來支持。她同意以優於市場的條件，將地下室的空間長期租給我，讓這個事業可以長久做下去，不用擔心店面被收回。

boven並不是一個基金會或是慈善事業，boven要做的是實實在在的商業營運，在跟房東面試的時候，我也提出具體營運的規劃跟計劃，把我前面五年累積實踐的一些經驗，以及未來成立獨立營運空間之後，會以什麼樣的機制收費等等，一一跟她說明。我也向她分析開店前跟開店後的籌備狀況，說明每個月大概要買多少書，收入哪裡來？店裡要請多少人？讓她理解我有清楚的營運規劃，以及短期跟長期設定的營運目標。

陳董了解之後覺得合理可執行，她提出一個房租價碼，用意是提醒我必須讓這個空間能維持一個正常的營運模式，必須要能夠自給自足生存下去。

因為沒有前例，她對我想做的事其實很好奇，也很期待這個計畫有什麼樣的可能。身為跨國事業的企業家，她看的反而不是那些報表細目，而是想要協助確定你有沒有準備好？有沒有想清楚？

她曾跟我分享經驗，當有決心的時候，遇到各種狀況就有能力解決；但是如果沒想清楚，遇到狀況就會容易出現問題。因為她本身是一位事業非常成功的企業家，這些過程，也是在幫助我更確認創業計劃是務實可行的。

傅 金錢的價值對每個人真的不一樣，有些人有錢之後想的是如何賺更多錢，同時也有些有錢人更願意支持喜歡且感到有意義的事。這對雙方都是一個很棒的緣分，雖然聽起來會覺得不可思議，但確實如此發生了！

川 而且，她還介紹了自己信賴的優秀建築師來幫忙打造空間，這又是另外一段故事了。因為是自己的房子，她希望交給可以讓她認同安心的房客跟建築師，至於空間的設計與規劃要怎麼去做？有什麼需求？她完全尊重不干涉。

二〇一五年，當boven終於要開幕的時候，我邀請一些幫助過我的人來參加這個很重要的開幕，我記得陳董致詞時說道，覺得自己蠻大膽做了這個決定支持boven，現在看到眼前的成果，她覺得很值得，也鼓勵我繼續把這個地方好好的經營下去，未來能一帆風順等等。開店至今，她從來沒有擺出一副高高在上或是監督的姿態，只偶爾關心狀況。這是我至今每天兢兢業業的動力之一。創業很艱難，對於貴人的期待，絕對不能辜負。陳董已經在二〇二三蒙主寵召回到天家，我十分感念她。這十年之間，她從沒有改變過想法，一直支持我，她是讓boven能夠實現的大貴人。

傳

不管拍電影或是創業，都不可能只靠自己一個人的好想法。要完成一件事，需要各種條件、資源、機遇，也需要有貴人支持。貴人不一定是一個人或是一筆錢，而且貴人也不會平白無故從天而降，而是前面所做的各種努力與連結，才會吸引到真正的貴人。這並不是玄學，而是一種宇宙法則，也是一種能量振動的道理，要先對宇宙強烈釋放出自己需要什麼，宇宙才會給你。

川　租書店的老闆、咖啡店店長、房東、還有每一位客人，都是讓boven可以實現的貴人。

貴人不是拜拜跟老天爺求來的，而是要自己去尋找。我不認為這些人的出現只是運氣。我想關鍵是因為我一直都知道自己很想要做的事，所以當貴人出現，對方才會知道我的需要，知道我欠缺的是什麼（甚至比我自己清楚），人家才會想辦法看怎麼幫得上忙，如此一來，這些人才會成為你事業的貴人。

要比誰都相信自己堅持的事，努力往讓它實現的方向前進，總有一天，雖然不曉得會是哪一天，也會有人願意跟你一起相信。如果你的意念夠堅定，也很清楚掌握了這件事情的種種務實需求，做好當下這個階段的所有準備，老天就會安排那個需要的契機或是人出現，讓事情可以往下個階段前進。這是我深刻的領悟。

傅　前陣子我看到日本製片人川村元氣（Genki Kawamura）[3]來到金馬獎大師課的分享，有人問他，每一部電影拍攝的過程，會不會遇到找不到資金的狀況？如果有該怎麼辦？我覺得他的回答十分帥氣，他說一個企劃案如果找不到資金，那就表示還不夠好、還沒有準備好。

我個人非常認同他的說法，如果是一個好的創業計畫、一個很棒的事業構想、或是一個有賺錢潛力的企劃，相當合理地應該會有很多人想要一起做。沒有好的機緣出現，就表示你還沒有準備足夠。

我也常常遇到有人說，我很愛電影想要拍電影，但當我進一步問起來，對方卻根本沒有花時間先把劇本寫下來，或是為這個想法做過任何準備，那麼誰也幫不了你前進吧。要是自己沒有明確的決心跟準備，即便貴人出現了也幫不上忙。務實地來說，自己必須要先一直不斷的保持前進，先做好各種準備，比誰都明確知道自己的需求，別人才知道可以給予什麼樣的協助。

---

3 曾製作過的電影有《告白》、《惡人》、《戀愛求愛》、《狼的孩子雨和雪》、《你的名字》《憤怒》、《鈴芽的封門》、《怪物》等。二〇一一年，獲得針對優秀電影製作人所設立的「藤本獎」，成為史上最年輕的獲獎人。二〇二二年九月，自編自導的電影《百花》，根據自己的小說改編上映，入選於第七十屆聖賽巴斯提安國際影展，還獲頒「最佳導演獎」，成為首位獲獎日本人。

川　川村元氣的說法很直率，但的確就是如此。先一步一步前進，踏實做準備，當你越明確，宇宙給的回應才會越精準，這是相互牽動的，需要建立起方方面面的機緣，在這個時候可能就會出現關鍵性的人。

take three
開店前的設定思考

第三次對談……2024／4／10
人物………………周筵川╳傅天余

人跟人之間的舒服距離

傅　今天是我們第三次採訪，上回談到因為有房東的大力支持，得以找到合適的開業地點，所以才有後來的boven。

川　我真的很幸運，遇到願意用優惠條件支持的房東，讓我把之前只存在想像中的boven開始一步步打造出來。

傅　你第一次看到這個空間是什麼感覺？

川　原本是已經閒置廢棄二十年的地下室，其實很難想像它會變成現在的模樣。第一眼看到這個空間的時候，第一個想法是它夠大，可以放很多的書，加上它的位置鄰近交通要點，離忠孝復興捷運站走路大概五分鐘左右，附近吃東西購物都很方便，在一個客人很容易抵達的地方。地點坐落東區正中心，也是我熟悉的區域。

傅　boven的空間坐落臺北東區最繁華的忠孝復興捷運商圈。這附近是臺北市最早發展的精華核心地帶，擁有便利的捷運，加上住商混合的特性，有百貨公司、餐廳美食、還有潮流小店、夜店，可以說吃喝玩樂全包。

川　在臺北的城市發展中，東區具有獨特的地位，跟臺北人的集體記憶有密不可分的關聯。五六七八年級世代的臺北人，記憶裡肯定有逛東區買衣服、去東區髮廊剪頭髮、泡茶街、上夜店跳舞，我的青春時光，背景也完全發生在東區，因此當初在選擇開店地點時，除了上述聊過的種種考量，我私人對這裡也有一份獨特的感情。

傅　前些年因為商圈轉移、消費方式改變，新聞都在討論東區已經沒落了。但最近隨著大巨蛋以及新百貨開幕，大家又在討論說東區再度復興了。

川　這些商圈發展的起起伏伏，對我來說，只有更加凸顯東區不可撼動的潮流指標地位，就像一本有紮實內容的雜誌永遠不會過時一樣。boven的會員裡，有許多是在東區開店的潮流品牌老闆，所以我更清楚，東區一直保有豐富的城市潮流文化實力，許多有趣的店跟人都在這裡從未離開。boven置身這個豐富有趣的區域，是一個很合理的選擇。

傅 這區一直以來是以商業著稱，文藝氣息很少，店鋪租金高昂是其中一個主要原因。

川 雜誌圖書館的概念，很幸運獲得屋主支持，給予長期的承租條件，因此我們才可以無後顧之憂地放手進行空間改造。這個地下室已經閒置廢棄二十年以上，原本的狀況可以用慘不忍睹來形容，堆積許多雜物，跳蚤鼠類橫行，還有漏水問題，空間的狀態屬於毛胚。我們從鋪設管線、更新地板、鋪水泥等基礎工程開始，在建築師的操刀下，大刀闊斧一步步整理，打造成想像中的模樣，基礎工期就花了八個月，接著再進行內部軟裝。

傅 聽起來是個大工程。接下來談談boven的空間規劃，再來是營運和收費的模式，以及服務模式，例如入館要脫鞋子、飲品需要另外點等等，每一件事其實都有你的設定思考在裡面。

川　先從空間來說，之前在租書店的經驗，我觀察到會有一些客人想要坐在租書店裡面看雜誌，當時它的空間環境其實不是很理想，所以後來我在想像將來要找的空間時，首先是希望它不能太小，不要像一般擠擠窄窄的租書店，而是想要有一個寬敞的空間，要夠大可以放很多雜誌，為客人提供的空間舒適度，一定也要比租書店達到更好的升級效果。

在設定boven服務的時候，我希望為客人提供一個像圖書館那樣有「閱讀」跟「工作」功能的空間。在規劃使用區域時，我依照使用模式，分成兩個小區，一個是「沙發跟書房閱讀區」，另一邊是「長桌工作區」。另外，我知道店員會需要在櫃檯做很多事情，像是要進大量的貨要整理書，所以櫃檯要夠長、夠深才方便使用。像之前在租書店的經驗，光是收銀臺與電腦就佔掉很多的櫃檯空間，工作起來就不太方便。空間設計最重要的基本需求，應該是這三點，再加上舒適的洗手間，還有一個可以儲藏東西的倉庫，以及需要一個辦公室的空間。

傅　這樣聽起來，你的規劃並不是從美學風格去設定，都是從實際的需求去發想。你那時候是如何和負責空間的建築師溝通的呢？

川　我很幸運可以邀到顧相璽建築師來設計這個空間，顧老師是一位非常專業也很有經驗的建築師。我先帶他去看仁愛圓環租書店的狀態，讓他有一些實際的想像，我們也有一些討論的參照點。

在空間配置的討論上，他根據雜誌圖書館最重要的需求去做發想，就是要有足夠多的書架。光是書架，要考慮到雜誌的特殊陳列需求，我們也做了非常多討論。再來就是決定室內要以軟裝家具的方式構成，以保留空間使用最大的彈性。基於同樣理由，利用隔簾做分區而不是牆壁，為每個區域保留隱密感，還有方便使用的大櫃檯跟洗手間。

建築師設計的是硬體結構空間的部分，軟體部分則是他完成到一個階段之後，我們再以整體空間的樣貌和跟他討論大概要多少座位、多少人？他再與我討論座位的配置。整個空間從基礎工程大概花了三到五個月整理完，再加上地板鋪完，牆壁整理乾淨，還有樓梯的水泥牆、水泥樓梯與屋簷等毛胚工程，工期總共做了八個月左右。

傅　第一次來到boven，我便感覺到這是一個對創意工作人很友善的空間。那次我是跟平面設計師相約討論電影海報設計，設計師是會員，經常在這邊工作。那次之後我也找到一個躲起來寫劇本、找拍攝參考資料的好地方。

身為沒有固定辦公室的自由工作者，平常大量需要使用外面的場所工作。要找到一個可以安心工作的地方其實並不容易。一般咖啡店，不管是客人、空間、光線或聲音都比較複雜，要點東西，找位置，經過很多程序之後，通常要靠運氣才能得到一個位置，可以坐下來討論或工作。而boven是一個工作起來非常有效率的場域，感覺好像是已經為我們準備好的一個空間。

裡面很安靜，沒有人會在一旁大聲聊天嘻笑，所有人來這邊好像都是為了類似的目的。整體空間的氛圍、流露的氣息，都讓人感覺安心而放鬆。雖然叫「雜誌圖書館」，但它並沒有圖書館的拘謹，並不會給人緊張感，以適當的音量低聲交談也沒有問題，工作區長桌配備有插座的大桌子非常好用，是可以讓人快速且方便工作的一個地方。正因如此，我直覺這裡的老闆肯定也是做創意的人，顯然他非常了解這個族群的工作需求，打造了一個自己想要的地方。

這是我作為一位消費者初次使用boven的經驗。

川　這時候就很慶幸有許多之前的實務經驗可以參考。一個好用、實用的空間，對於客人與員工來說都是最重要的。美感跟設計，就交給建築師的專業吧。我是這樣想的。

除了實用，我也會思考「想要帶給客人什麼感受」去規劃boven的空間。我希望來到這邊的人，座位在一起，但又不互相干擾。從使用者的觀點去思考空間需求的時候，我會想像自己是客人，要是我的話，想要在什麼樣的空間看雜誌？我會想要有張舒服的椅子。可能有時候會需要找資料、使用電腦，因此需要有個能專心工作的桌子。如果我需要跟夥伴一起討論，需要什麼的場域？

我想要的「雜誌圖書館」是，人與人之間有舒服的距離、不打擾的音樂、充足的光線，讓人在這個環境裡很像在自己的書房客廳工作，也可以走進來輕鬆翻翻雜誌，跟自己相處一下。音樂也好、燈光也好，還有距離，都是以讓大家感到舒服為最高考量。就像妳當初也是因為這樣才會再持續回來使用。

傅　好的空間設計就是你不知道為什麼，但就是會讓你身在其中感到很舒服。當天回去之後，我仔細回想了為什麼這個空間使用起來這麼舒服？除了boven的整體設計很符合我的審美，那也是一個輕易看得出來經過精心打造，處處具有美學意識的空間。低調穩固的清水模結構，不是徒有表象的商業裝潢或文青小店，整個空間是建築師手筆扎扎實實打造出來的，通常是自家空間才會這樣做。裡面的燈光讓人在翻雜誌的時候，視覺亮度清晰舒適，像是一個自家溫暖的大客廳。

我對於空間的敏感度很高，即便是高級場所，許多空間常讓人感覺拘束，身體卡卡的，在那個空間裡移動起來很憋屈，比如樓梯的寬度、門的高度、走道尺寸或方位等不太對勁，或是動線混亂，讓人在空間裡無法快速找到定位，容易去撞到東西，或是動線不順等等。

boven的空間雖然不大，我從第一秒開門走下去的瞬間，直到安置坐下來做事，起身上廁所，在其中移動，每個感受都是很舒服的，包括桌椅擺放的位置、書架的動線，不會遭遇過多視線的干擾，我直覺這肯定也是精心思考過的，不論背後的建築師是誰，他的專業真是很棒，品味也非常好。

川

我雖然不是創作者，但我長期是服務創作人的人，我長年的工作都在做這件事，因此我很清楚大家需要什麼。某種程度上我跟你們很像，我知道創作人的需求，以及想要的某種感受，對於boven圖書館的規劃，都是從這個需求出發，也影響了空間的建構跟設計。這裡雖然是一個商業空間，但許多人都說有在家的放鬆感。

傅　進入boven短短的幾十秒，本身帶有一種戲劇性，我甚至會形容為電影感。這個空間位於地下室，門面十分低調，從外面完全無法看見裡面賣什麼藥，給人一種神祕感。客人必須先往下走一段樓梯，左轉進入一個密閉空間，然後才會看到櫃臺入口，再往裡面走，才會是內部的完整空間。我也喜歡清水模的設計，沒有過多干擾。

川　建築師引用《桃花源記》的概念，從入口慢慢揭開這個空間的樣貌，這個過程像是一種轉換，能讓人沉靜下來準備工作。這就是建築師厲害的地方，也是他創造的空間感受。有機會請大家來親自體會這個視覺的趣味吧。

提供「類公共化」的服務

傅　聽你描述，我發現boven在思考整個空間打造過程，最重要的兩個關鍵字，一個是「需求」，另一個是「感受」。從這兩個作為出發點，去思考開一家店應該如何規劃。

川　關於需求，我們在之前就聊到，我認為開店的目的要一以貫之，越明確越好：boven的需求是創意人的需求，而不是老闆個人的喜好需求，也不是老闆想要創業開店的需求。這家店是為了服務創意人的需求，那麼一切的決定才會有所依據。

第二個關鍵字是「感受」，我想要帶給我的客人，給使用這個服務的人什麼樣的感受？不管你今天是要拍一部電影，或是要開一家店，或是做一個品牌，需要想清楚的就是這兩件最核心的事吧，不然一旦面對無數的選擇，你會根本不知道如何取捨。什麼樣才是美？怎麼才比較舒服？這其實並沒有定論。基於以上兩個原則，做出對的答案，夥伴也才能夠一起在這個基礎上往前進。

傅　有些店，可以感受一切是基於老闆的個人喜好，或者想追求的是一種美感、一種風格，要像國外某一家店，比方老闆可能就只是覺得：「想要有像在日本中目黑某家店的感覺」，但他並不知道理由是什麼？做每個設計的理由是什麼？

我感受到boven從需求去考慮很多事情，不管從開店的理念，再到建築師對空間的思考，在設定每一件事的時候，都是有很明確的理由。這其實也是一種創意工作的方法論。不論是認清需求或是打造感受，這當中涉及許多專業的技術，顧客不一定會理解到那當中有多少專業考量，但他們會感受到。

川　近年來有不少想要打造「複合式文化空間」的商業店家或公共設施，如果沒有一個核心基礎，一下子思考了太多想做的，擴展太多異業合作，反而會讓自己像是一家行銷企劃公司，反而令消費者摸不著頭緒。

傅　我也觀察到有許多企劃先行的開店法，店家洋洋灑灑說一大篇玄虛的概念，與其說是營業理念，更像是一場空洞的文案比賽。在商業模式繁複多元的今日，最終決勝負的關鍵點，我想還是在於有沒有一個明確的商業核心，你想要賣給（帶給）顧客的究竟是什麼？

川　一本好看的雜誌也是有同樣的邏輯，首先要立場明確。每本好看的雜誌都是有一個主要的訴求。有些品牌或是空間，在剛起步設定的時候，就已經想得太複雜，在社群上寫了看起來很炫的計畫、概念，反而會讓人搞不清楚到底要賣的是什麼？最拿手的究竟是什麼？消費者要為了什麼而去？

傳　命名本身會傳達明確的意圖，boven在命名上有什麼特別的故事嗎？為什麼不是叫做「boven書店」或者是「boven雜誌專賣店」？

川　「boven」是荷蘭文「往上」的意思，我當年開第一家唱片行就是用這個名字，當時希望在谷底的人生可以不斷向上發展（笑）。開在地下室，果然很合乎往上這個精神。

將店名取為「雜誌圖書館」的原因，就像導演你之前提到的，我們的定位並不是二手雜誌店，也不是書店，我自己一開始設定的時候，因為我的工作經驗和性格，希望把「雜誌圖書館」打造成能夠解決大家工作領域的需求，加上圖書館這個名詞給我的感受，比較像是一個提供「類公共化」的服務，我希望boven的經營比較像是服務的模式，不只是一家店，而是從店名就能說明一個場域的精神，是一個可以接納很多人來這邊自由思考使用的空間，因此決定取了這個名字。

我在設定名字的時候，是用打造一個場域的概念去思考，過程中，也花了很長時間向建築師與客人說明，通常他們體驗過服務之後就會懂了。

傅 boven並不是以販售為主的書店，這裡的雜誌收藏可能不是最全面，但是很精準，有一個很明確的市場目標。

川 boven目前是亞洲唯一的雜誌圖書館，我們並不是有最多雜誌數量，也不也不是收藏某一類主題的專門店，我們的藏書有自己的邏輯，一開始客人或許不是很理解，後來會慢慢發現它會符合你某一種需求。

開一間店或一個空間，要很清楚知道服務對象是誰？要做的是什麼？我再度強調，資源有限，不可能一家店要做所有的事情，那就會只會變成一個泛泛之地，消費者也不太清楚你要做什麼。

如果要比喻的話，boven並不是一家大賣場，boven在做的事情是我們在尋找與這個空間有相同頻率與需求的對象、有相同感受的使用者。這些服務設定是從我這個創辦人過往的經驗去推展，加上建築師對空間的感受，兩者加起來，再加上使用者的回饋，才能讓雜誌圖書館的服務成立。

傅 再來想要請問，boven為什麼會以外文雜誌為主，中文的雜誌比較少？

川 會選擇外文雜誌，第一是針對使用族群的需求，因為我的資金有限，希望集中火力把一個主題做好做滿，而不是什麼都做，將有限資源放在顧客最想要的領域，不要浪費了。另外空間也是一個問題，我不可能像大坪數書店那樣能提供所有種類商品，如果我也把中文雜誌或是精裝書放進來，空間並不足夠，所以在設定要提供哪些雜誌時，是以現在的空間容量做了研究跟考量，最後還是以美學生活設計類外文雜誌為主，因為我很清楚自己的客層需求，比較多人想要看這方面的雜誌。

tips

包書套服務帶來的優點

- **保護書籍**：防止封面和內頁受損，保持書籍的整潔和新穎感。書套也能有效防止顧客在翻閱過程中留下的手指印、油污或水漬，讓重視乾淨的顧客感到舒適。
- **延長產品壽命**：對於高價值的雜誌，包書套能讓其保持良好的狀態，對商家而言是一種有效的成本控制。
- **提升服務**：書套為顧客提供了一種心理上的安全感，讓他們在翻閱過程中不必擔心弄髒或損壞書籍，這樣的放心感有助於顧客更加積極探索，提升顧客體驗。
- **強化品牌質感和專業形象**：包書套能使雜誌看起來更具質感和價值，傳達出店家對產品的重視，更容易形成品牌忠誠度。在特定主題書店中，這種形象至關重要。

傳　館內雜誌的分類與分區有什麼規律？又是如何設定的呢？

川　館內主要的類型都是泛娛樂文化生活的雜誌，雜誌陳列分成幾個區域和類別：首先是當季的新書，過期的我們就會分成設計、藝術、攝影、室內設計、建築、男女流行時尚、飲食、旅遊、料理、植物花藝、手作等等不同的興趣主題，分門別類，一個書架一個書架進行收納、歸檔。

剛開始有些人會問說，為什麼沒有科學和經濟類的雜誌？其實也沒有什麼特別原因，第一是我對這類領域比較沒有涉獵，我工作經驗中沒有接觸過，因此不是我設定收藏的雜誌，所以設定館內雜誌種類時，就沒有把這一類的讀者需求作為主要的客群TA，也就是說，最終還是要回到自己擅長跟顧客想看的。

傅 店內的每一本雜誌跟書都仔細地包上書套，這也是bovven的特色之一。

川 這也是我根據經驗所決定的，店內每一本書都要包上書套。書套的膠膜是我挑選過很多款，才找到手感拿起來最適合的厚度、跟我覺得最好看的透明度。雖然會增加不少成本以及工作量，但我思考之後堅持每一本雜誌都要好好地包上書套。

讓客人無負擔的定價策略

傅　你當時設定boven收費的想法是如何？為什麼會決定這樣以會員制為主的的收費模式？

川　我們是一個商業服務空間，要正常營運，就需要有足夠的收入支撐。在設計定價的時候，我希望盡可能讓客人不要感到有負擔。我會去假想，如果自己是使用者的話，支付多少費用不會感到負擔？一次三百元的金額，是設定如果讀者每個月來一次，花三百元在這個空間，可以自由看到幾百本雜誌，還蠻值得的，也會願意支付。經過測試之後發現，這個定價是大家都可以接受的範圍，便一直維持到現在。

年費會員制的會費設定是一年一千五百元台幣，一方面依然是希望大家使用起來不要有負擔。我也看過很多不收費、免費、收費很低的空間，反而淪為暫時休憩或落腳之處，我不希望boven的空間被濫用，所以也不希望收費太低。若要精打細算認真計算會員年費的話，跟單次入館比起來，一年內使用超過五次以上就算是賺到了。事實證明，客人也都接受這種付費機制。

傅　聽說不少客人反而覺得boven的收費太過便宜？

川　開店這幾年聽了很多反饋，我覺得定價策略是一體兩面。定價其實是定給知道價值的人看的，也是一種過濾機制，過濾掉不適合的客人。採用這樣的價格策略，我希望可以吸引真正認同boven的服務，對這裡擁有同樣感受、同樣需求的使用者。

會主動走進來，主動詢問的才是真正會使用的人。會願意付費的人，才會是你的客人。客人樂意花這個錢，是因為知道這個價格真的很值得，這才是經營者與顧客之間真正要維繫的關係。

因為收費不高，當館內有一些活動租借使用的營業調整時，會員也不太會有負面感受，他們都能夠理解體諒。我會開玩笑跟客人說，我們真的需要這一部分的收入來維持營運，他們也很可以認同。當然如果次數頻繁到影響到會員的權益，我們也會適度做會籍延長的補償。

我們的會員都很希望boven能夠好好的營運下去，我們跟會員彼此之間的關係，不僅只是建立在消費購買行為，而是互相友善的對待，客人能夠感受到這裡的服務是為他們量身打造，所以他們也會產生共鳴，願意用自己的方式，支持這個他們喜歡的地方。這樣的支持來自對店家的認同，是一種很微妙的互動關係。

傅 確實是如此，正因為年費定價真的很便宜，所以當boven需要租場地辦活動有各種營業時間變動，身為會員也不會太過在意，但今天如果收費很高，可能會有人開始計較我少用的時間，就像損失瑜伽課或健身課的會籍，boven並不會給人家這樣子的感覺。

川 boven不是慈善事業、或是非營利組織，它是有收費機制的一家店，這之間要怎麼樣拿捏，讓你的客人跟使用者有認同感，真的是一件很困難的事情。正式開店前已經累積的一些B2B租借企業客戶，對店內收入是很大一部分的支持基礎，讓我們在空間的服務上可以用這樣優惠的收費機制維持下去。

傅 單日收費三百元要不要附飲料這件事情，你其實也曾經掙扎過？

川　入館三百元是否要附飲料這件事，我的確考慮過，以商業考量，不能夠賣飲料，馬上就少掉了一塊很重要的收入，但最後我決定，最重要的還是回到初衷，如果不把使用目的設定清楚的話，到時候單純來喝咖啡的客人，可能會影響到閱讀跟使用這個空間的人。我最想要服務的是這群核心的使用者，就要避免造成影響，所以後來就沒有把飲料餐飲附加服務放在收費機制裡。

我希望來的客人很清楚想要來這邊是做什麼，而不是提供服務給不同目的的客人，結果都沒有被滿足。正因為我很清楚使用者的需求，不希望他們在工作或閱讀的時候，空間裡會有無謂的干擾，因此把服務單純化，所以決定選擇不提供飲料食物，店裡也禁帶外食，但館內有提供免費飲水機。這些年下來也沒有任何問題。

傅　的確，如果提供的服務太複雜，反而會讓這個空間使用意圖不明。我並不想要工作時旁邊有情侶在自拍聊天、地下室空氣中有咖哩味。如果感受到這裡是一個不對的地方，我可能就不會來了。在這層設定上，boven 讓我覺得很清楚。

川　我以使用者的角度想像，會覺得這樣比較令人安心，讓客人清楚知道這邊的規定就是如此。如果需要吃東西，就請自行想辦法處理，但我們店家並不是以冷淡干我屁事的姿態來處理，客人想要暫時離開圖書館去吃東西再回來也沒有問題，boven可以當日無限次自由進出，而且附近也有很多吃的。

boven給客人很清楚的認知跟保證，館內不會有食物氣味跟進食聲音的干擾，如果我本來就是想要找個地方好好工作做點事的時候，這邊就是最適合的地方。

傅　有些店會讓人覺得很喧嘩，條列各種文案規定，宣示這家店是如何如何，這裡不能怎樣怎樣，或是發一篇宣言公告這間店的理念是什麼什麼。這些都應該無聲的融入在服務流程跟設計中比較好吧。

川　需求設定刪除的過程一定是經過重重掙扎與謹慎思考。一家店或一個場所，要給消費者什麼樣的服務跟感受？寫一大堆規定或使用方式，規定客人要怎麼樣、不能怎麼樣，這是比較直接的方法，就怕客人不知道似的。但其實我覺得更高明的方法，應該是可以透過清楚的設計和引導，讓使用者自行理解和適應，不適合的人也會知道這裡並不是他會自在的地方。我認為與其寫出一大堆規定，不如用更巧妙的技巧，明確展現出一家店的態度。

店家不需要花力氣去做太多規範，例如小孩不得進入、寵物不得進入、或是不可以在這邊做哪些事，應該是很清楚知道這裡想要的客人是什麼樣子，如此一來，不對的人、除非太白目或太奇怪的人，很快就會知道這邊不是我想要的地方。如果想要找地方喝咖啡聊天，一下來看完馬上就會離開。所有的一切都是在預設之中，也可以說這是一種過濾客人的方式。當顧客走進來彼此交流的時候，絕對會感受到那個核心。還是要回到最初的設定，才知道可以往哪裡去。

傅　你剛剛說到過濾客人，很少聽到老闆會有這樣的想法呢。

川　我倒想反問，為什麼不這樣做呢？

不需要刻意想著來者都是客，如果你要做所有人的生意，反而可能做不到任何人的生意，每個方面需求的人都會覺得沒被滿足，或是不如預期而產生抱怨。現在商業行為的分眾化非常細緻，用一些聰明的方式讓不對的人知道這裡不適合，也是節省彼此的時間。

傅 我的形容是，boven像是一個話不多，但是態度明確爽朗的大人。這個大人經過深思熟慮後，知道自己能做什麼不能做什麼。

川 boven也是一個很隨和的人，就像老闆本人的個性（笑）。

刻意低調的門面也可以說是一種策略，搞不清楚這家店是什麼，才會勾起好奇。要走進來使用boven需要一點心理門檻，因為boven對外沒有明顯的招牌，門上雖然貼著「歡迎參觀」，第一次來的人，一定是有足夠好奇心，才能在東區巷弄找到這個地下室，推開玻璃門走下來。下來之後會先經過櫃台，店員會適當的歡迎跟說明，接著進去還要脫下鞋子，如果確定坐下來閱讀才需要付費。

儘管有一些挑戰，但只要了解這裡的方式之後，就會發現要使用服務完全沒有門檻，使用方式也非常簡單，工作人員只會告訴你水在那邊？洗手間在哪裡？就可以自由地瀏覽所有雜誌，座位跟桌子也可以任意使用，沒有一套複雜的程序或各式各樣的規定。

透過這幾個無形的機制設計，在這麼多年的經營過程，我們篩選出一群個性與喜好跟boven相當同頻的愛好者。

傅 用巧妙的模式找到對的客人，我覺得它可以給許多開店的人一個很好的啟發。回到我熟悉的影視娛樂產業，也是同樣的道理，一部電影最好有明確的市場定位跟觀眾設定，知道是想要拍給誰看的，而我們也常說，不可能有一部電影能夠同時滿足喜愛好萊塢商業電影觀眾跟青睞藝術片文青觀眾。

川 有了限制，客人才可以在這個空間內感到自由。客人可以自由選擇要在工作桌區專心工作，如果想要稍微喘息一下，也可以到沙發區，這邊有懶骨頭、「眠豆腐」的沙發、古董椅子，可以在空間中找到適合自己的位子，享受充電或閉目養神的時光，或是看一下別的書，休息一下再回來工作。

傅　入館要換拖鞋這件事情是基於怎麼樣的想法？

川　一開始其實是有點誤打誤撞。最初開店的時候，我希望空間裡的家具能經常替換，找了精品家具行合作。為了維持乾淨跟保護展示的家具，於是決定土足嚴禁，入內都要脫鞋。如前面所說，後來發現，脫鞋子反而是一個蠻好的形式，會讓使用者的舒適度提升。

需要脫鞋子的店，在我的印象裡大概是日式老屋或旅店，我覺得這個動作帶有一種儀式感，客人在潛意識裡，會有回到家裡脫鞋子放鬆的感覺，內化在身體跟心理層面，讓人感到安心，這也是為什麼很多人在boven空間，可以長時間舒服工作看雜誌的原因吧！我想一部分的確是跟入館要脫鞋子有關。

傅　boven的會員制服務微妙之處在於，它與常來的客人之間會建立起一種親切感，店員會認得你，知道你的存在，但是並不會刻意要建立熟客關係，讓人覺得有負擔。

使用時把包包電腦留在桌上，去上廁所或是出去外面講電話，甚至外出吃個飯，也不用擔心東西會被偷。這些設計都會讓boven會員很像在臺北東區有一個秘密創意基地的感覺，那是我在其他地方從未體驗過的。

川　目前我們的使用者以年費會員占大多數，下來參觀之後加入會員的比例很高。從空間到整個服務，我希望讓客人感受自己是屬於這個個場域的，給我們的使用者一份凝聚感跟歸屬感（belonging）。

tips

會員制的優點

- **區隔客群，確保服務品質**：會員制可以篩選掉只想短暫停留或尋找免費空間的客人，將資源集中在服務了解boven理念、需要專業資訊的創意工作者身上。
- **建立社群連結，營造歸屬感**：會員制可以聚集一群需求相似的人，形成一個社群，感受到歸屬感。這種社群氛圍是boven重要的特色之一，也是吸引會員持續使用的關鍵。
- **穩定營收，確保持續經營**：收費相對低廉的定價策略雖然無法帶來高利潤，但可以吸引更多會員加入，透過穩定的會費收入確保經營。
- **與會員建立互信關係**：會員制有助於與會員建立互信關係，對於營運時間調整也能抱持更高的包容度，會員也更樂於共同維護它的品質和氛圍。

B2B專屬選書方案

傅　boven的服務可以分成「閱讀空間」跟「雜誌租借服務」兩部分，除了個人會員可以使用店內空間之外，能跟我們多談談有關企業客戶（會員）的部分嗎？

川　boven除了本店空間的閱讀使用服務之外，還有一個很重要的業務，是對外的選書服務，除了來館內閱讀雜誌，我們也有提供B2B（business-to-business，在此指店家對店家）的服務，幫一些創意領域相關的公司，提供每月挑書借閱服務。這些企業客戶很多是我之前在「淘兒」、「雜誌瘋」工作時就認識的客人，從事各種領域的創意工作，後來許多人自己出來創業變老闆，有的開髮廊、有的開設計公司，後來我在租書店開始雜誌租借服務，他們想到有這方面的需求時便主動來詢問我，從這樣開始衍生出來的服務。

那些技術很棒的髮型師們，在一家生意很好的店累積足夠客人之後，很多人就會想自己出來開店當老闆。

我們的客戶包括知名的髮廊：斐瑟、FLUX、ZOOM等等，這些業界首屈一指的髮廊，不管是設計師或是客人，都很需要吸收最新的美髮技術知識以及最新的時尚流行趨勢，來作為造型設計的參考，同時髮廊內部也需要雜誌做為教育訓練需要的美學材料。像是日本或歐美，國外明星們的造型跟模特兒的打扮，這些流行情報對髮廊業者是很重要的養分。我的服務，不但可以幫他們省下每個月買書的錢、還省下空間跟管理的人力，髮型師們彼此口耳相傳下，我開始為更多髮廊提供選書的服務。boven的許多客人，都是從租書店時候就認識的老朋友，從那時一直支持我們到現在，真的是很感謝。

傅　因為雜誌閱讀這個特質，boven匯聚了一群有趣的會員與讀者，像一個特別的俱樂部。

川　知名設計公司OOO[4]創辦人夫妻也是我們的會員之一。一開始我並不曉得他們是OOO的創辦人，因為他們工作需要大量創意的發想，以及各種豐富的設計情報風格參

4　OOO，臺灣設計品牌，由Five Metal Shop負責人陳靖雯和產品設計師Nicol boyd共同發起，受邀做過許多品牌的重造以及空間的規劃設計，知名案例包括曾幫全家便利商店規劃品牌合作，產品包諸設計，打造實體店面空間。OOO曾設計開發多種商品，推出杯子、冰淇淋匙、開罐、開瓶器、柊木凳等，也推出臺灣在地設計選品。

考，boven這個場域提供了可以自在閱讀的空間，他們很常出現，彼此於是有很多機會交流，後來才知道他們這麼厲害。

我們的企業會員還包括曾幫金馬獎、金曲獎設計主視覺的頂尖設計公司「JL Design」、臺灣代表性建築師簡學義創辦的「竹間聯合設計師事務所」、以文創設計商品知名的電商品牌「PINKOI」等都有跟我們合作，在辦公室提供boven的選書服務。

有這些來自業界的實際需求，我開始提供各種訂閱選書方案，來幫助解決客戶的問題。更精確地講，如果每個公司自己每個月購買這些高價的外文雜誌，不僅成本昂貴、書的種類也不夠多元，還要多花一筆不小的管理成本，而且他們也不熟悉購書的管道。透過boven的企業選書訂閱服務，用相同的價格，不僅可以看到更多數量的厲害雜誌，種類也更豐富，還不用擔心雜誌保存管理的問題。

就我的觀察，文化創意領域工作特別需要保持與世界同步的高度敏銳，需要不斷投入成本跟時間尋找靈感，儲備大量靈感，紙本雜誌始終是他們非常重要的靈感來源。boven為他們提供選書服務同時，他們也會從專業領域建議有趣的雜誌情報給我們，彼此互相激盪。

我本身雖然不是從事創作的人，透過長期觀察這些喜歡看雜誌的人，我感覺有一種共通的性格與樣貌，我自己創了一個名詞叫「雜誌人精神」，來形容這些客人們。這些公司老闆很多都是充滿好奇心的個性，十分樂於學習，不論各自的專業是什麼，他們都飢渴地想知道自己那個領域的最新情報，以及這世界的豐富面貌。他們在各自領域是頂尖的專家，都很積極的不斷吸收新知，提升專業的視野和品味。不管世界如何變化，不管是從事何種領域的工作，或娛樂的形式如何轉變，最重要的核心都是要對世界保持好奇，永遠當一個好奇的人。

每天各種公司單位、企業合作的品牌店家、或者個人會員，他們來到boven這個場域，雖然是來看書，那個場景讓我想起小時候陪媽媽在菜市場做生意的情境，每個人都帶著充滿好奇的眼神，來探索各自需要的素材靈感，偶爾問問老闆有沒有什麼推薦，彼此也因為這樣的交流變得熟悉。也可以說，boven像是充滿靈感的菜市場，偶爾我也會好奇，客人將靈感帶回去之後，會炒出什麼樣的菜色呢？

傅 boven的會員和客人有許多都是深藏不露、臥虎藏龍的厲害人物，你有印象比較深刻的客人嗎？

川

我觀察到，愛看雜誌的人，通常都是很有趣的人。比如店裡有一位熟客盧大哥，他熱愛雜誌，我從仁愛圓環的租書店開始，尚未展開boven計畫的時候，就已經開始為他提供服務，至今已超過十年。跟他深入認識之後，才知道盧大哥是做進口貿易的大老闆，這樣的大老闆，每次來借雜誌都騎著一台很破的腳踏車。除了自己的事業之外，他很喜歡建築和室內設計，收藏了很多經典家具，沒有出國工作或有空的時候，他幾乎每天都會來boven借書，他閱讀的速度很快，有時一天還會來兩次。雜誌裡如果是他有興趣的家具或厲害建築師的報導，他會細細的閱讀之後再和我們分享。記得有一次他還書的時候，書頁中多了一張手稿，原來是他自己臨摹的設計師家具，畫得非常好。盧大哥是臺南人，近年退休後舉家遷回臺南住，但只要有回臺北，一定會來boven借雜誌。從他身上，我可以看到很棒的雜誌人精神，在本身的工作之外，因為個人興趣而對建築與設計充滿著熱情。

傅　每位來到boven的客人對於這裡有不一樣的使用方法。我也曾經遇到一位演員，跟我說他大學是念實踐服裝設計，準備畢業製作的時候，經常一群同學都約在boven找資料討論，他們都覺得boven是一個很棒的地方。

我覺得boven的客人都是一群充滿好奇心的「雜誌人」。未來我活到七十歲時，不管還有沒有在拍電影，我希望自己永遠都能保持好奇，當一個好奇的老太太，還是很想知道這個世界變成什麼樣子，有誰在做厲害的事？

打造出理想中的「雜誌圖書館」之後，是否就完成了計畫呢？

川　不是完成，是才要開始。創業要能持續保持熱情，要思考的是，自己是否有一個比別人厲害的不可取代性，然後保持開放的態度，進而從基礎去發展各種可能，才能長久地往前走。

我知道自己比起很多人不算很聰明，所以很樂意從身邊的人請教學習。

成立時，我並不清楚boven將來會成為一個什麼樣的空間跟品牌。我總是想去找更多的可能，而不是答案。人生或是開店都一樣，並不是找到答案就結束。人生應該是一個過程，要尋找的是各種有趣的可能，更好的可能，一直保持活動力跟前進感。這樣的想法並不是隨波逐流，而是很清楚知道自己的核心所在。boven的起點是雜誌共享閱讀服務，但boven不只想做一間獨立選書店，或一家安靜的雜誌圖書館，對於未來，我的想像並不是只有一個答案。

就像開頭聊到的那對鄰居夫妻，從外面走過時會疑惑這裡像是一家書店，又像是一個共享辦公室，也像是咖啡店。boven可以什麼都是。我們樂意開放所有的可能。我期待接下來透過各種提案與企劃，將boven帶到更多地方。它可以是一個品牌、一個場所、一套服務系統，並沒有設限，我希望它就像一本不斷更新的雜誌，充滿可能性。雜誌的特性是變動，與當下各種生活食衣娛樂住行、創意、美學等領域都有相關連結的接點，能包含的可能性面向很廣，這是讓boven很不一樣的地方。

無論是一個人、一家店，一個品牌，都可以這樣去思考。持續打進含氧量高的新鮮空氣，身體才能持續運作，人的一生也是相同，多數人到了一個年紀之後就會停止吸收新的刺激，尤其是現在網路時代，人每天在無意中被動地被塞入無限的破碎資訊，我認為更要維持主動探索的習慣。透過雜誌或各種方式，樂於接收各種刺激，保持好奇。用

boven雜誌閱讀的核心精神來形容，就是「活得像一本雜誌」。持續開發自己獨特的可能，生活這麼多樂趣，許多商業的機會就來自這裡。

傅

目前社會流行起一個名詞叫斜槓，鼓勵每個人多元發展自己的職能，不能只做一個工作，需要斜槓這個、斜槓那個等等。比如我也曾經在訪問中被問到妳是電影導演又斜槓咖啡店老闆。斜槓聽起來有點不務正業的感覺。其實我並不喜歡「斜槓」這個說法，既無法確切描述事實，也有點可惜無法帶來啟發。我覺得更好的說法是用「plus」這個字去思考。以我自己為例，我是導演，「plus」是boven的創意總監，這幾個身份乍看起來沒有相關，內裡其實緊密相關，甚至是同一種能力呈現在不同面向。並不是原本毫無關係，突然就疊加上去的工作。

以我為例，會以創意總監的身分參與boven，是因為導演的工作日常也需要吸收大量資訊、大量閱讀書跟雜誌、大量的看電影，這是我生活中跟呼吸一樣的習慣，正因為喜歡雜誌所以會有機緣來到boven，正因為本業的工作而會積極的使用，也才有契機受到邀請樂意加入其中，對於動手去規劃打造一個符合美感跟實用的空間，同樣是導演擅長的能力之一。

除了影視工作，遇到有趣的機會能夠發揮這些能力，我都很樂意參與。會有這些發展的前提，都是因為原本創作者的工作再plus上boven，因此連結到更多可能性，也因為boven帶來的刺激，在本來的工作上帶來更多想像。

不管原本的身份職業是什麼，擁有一種基礎能力，並且足夠熱愛這件事的話，肯定會長期持續鑽研，保持開放的心態，就能解鎖更多能力，為生存技巧不斷加值。這個時代一個人應該具備多樣生存能力，但並不是毫無相關四處亂抓的斜槓，而可以從原本的核心能力去延伸跟拓展，plus不同的技能，plus是加法，每一樣都與之前的相關，不斷疊加上去為自己加值。我希望自己不是斜槓很多，而是能不斷擴大並累加自己能力的人。

川

「斜槓」這個說法可能會產生誤導，反而限縮了對自己的想像力。

現在並不是生存容易的時代，每一個人都需要更聰明更務實的開發自己的社會生存能力。在這個多元的世代，許多人一輩子絕不會也不能只靠一件事生存，而應該保持開放的心態，積極去拓展自己的可能性。這是這世代的人們特別需要具備的工作心態，並不是需要什麼都會，而是專精在一件事，持續不斷磨練它深化它，在很多原本想像不到的地方解鎖能力，累加plus一個個意想不到的發展。

就像每本雜誌都有一個自己的主題，每期有不同的內容。如果每個人都把自己看做是一本雜誌，要找到自己的主題，有人一個月出刊兩次，有人每季出刊一次，有人可能一年才出刊一次，每個人有自己的節奏，偶爾還會有不一樣的特輯。最重要的核心是，在這個主題下，每期的內容會一直不斷更新。人會一直不斷經歷各種事情，也要不斷自我更新內容。希望大家都能「活得像一本雜誌」，把自己活成一本有趣的雜誌，而不是一本內容一成不變的書。

創業絕對辛苦而非痛苦

傅　許多人有了靈感跟點子，但是不知道從哪裡行動著手。這之間似乎少了啟動點，可以多分享這方面的經驗嗎。

我曾經聽過是枝裕和導演形容，他將自己正在進行的許多項目，比喻成是一個個盆栽，各自有不同的生長進度跟狀態，每天都要固定要為每個盆栽澆水，看看哪一個盆栽長得比較好，就會容易注意到它，某些案子的樹苗還很小，還需要時間慢慢孕育，又或有一些項目已經準備可以開花了。

電影導演的工作，會有很多的計畫和想法同時進行，不可能只有抱著一個故事前進，同時會有許多的可能性在進行。這應該也是很多人經常會遇到的困擾，腦中有很多點子，但當下應該要做什麼？應該要先做哪一個？到底該怎麼開始？即便我是一個還很多工作經驗的導演，偶爾還是會有類似的苦惱。

川

我做事情蠻靠感覺的。我自己的習慣是不會為任何事情、或為自己設限，看事辦事，但是，當有很多選擇需要去做判斷，不知道要選哪一個的時候，我會讓自己把選項看過一遍，用心感受所有選項的可能性，看哪一件事情對我來說會產生興奮感，就會知道當下應該最要選擇哪一件事。

「如果不知道該怎麼開始，就交給直覺吧！」比方說，目前有ABCDE一共五位可以合作的可能人選，卻不知道到底要從誰開始，這個時候我會跟著直覺，試著想像，跟某個人「一起做這件事的時候心情是興奮的嗎？」、「跟對方一起討論會有源源不絕的可能性冒出來嗎？」、「會想要期待趕快開始嗎？」

倘若有些人你光是想像跟他合作，就覺得可能出現各種困難而猶豫不前，可能會成為一個負擔，那或許就不是當下應該要選擇的。如果你想到這件事，你是興奮開心的，那就是你首先應該要做的。

傅 所以，創業也要鍛鍊自己的一種能力就是「直覺力」囉？

川 人會被各種可能性、過多的選擇所迷惑，答案除了來自理性的判斷，可以回到「直覺」，什麼事是讓我覺得興奮，或是跟這個人合作心底其實有猶豫，自己都是最清楚的。用一個有點玄的說法，當你回應內心困惑時，記得要回到身體想要告訴你的感覺，也就是相信自己的直覺。

傅 很多創業性格或做創意的人，本身都是比較開放性格的人，因為對任何人事物都容易覺得有可能性，反而掩蓋了真正想要的是什麼。就像爬山的時候，你會覺得每一條路好像都可以走走看，途中卻忘記是要去爬哪座山？

川　創辦boven這件事，我從一開始想做這件事，自然而然跟著內心的直覺前進。利用直覺力，判斷當下這一步需要做的事，可以說直覺的起點是自己。覺得哪裡有機會？該往哪裡踏出下一步？

創業的靈感絕不是憑空出現，而是來自你曾經歷的過去，持續跟著感興趣的事物前進，宇宙會給予越來越多的指示。透過不斷練習，在與其他人交流的過程中，也更容易清晰感受到自己與他人的意識。

「跟著直覺走」，背後最核心的還是「行動」。對創業者來說，最重要的就是這個「直覺＋行動力」。跟著感覺如果走錯路了該怎麼辦？就算一時找不到，稍微繞一下路也沒關係啊，那就稍微繞一下路，找找出路，或許會看到不同的風景。

傅　找夥伴也是如此。要找的是在一起會有期待，期待事情發生的夥伴。最重要的是彼此的核心價值觀是一樣的。

川　如果和一個價值觀不一樣，或是對未來有不同想法的人一起創業，就會發生很多狀況。創業每個階段需要不同的夥伴，我要找的是想要一起創造最大價值的夥伴，而不是滿嘴漂亮話，但其實想法完全不同的人。

傅　這可以說是一個創意工作方法學，當有夠多工作經驗之後，更加會覺得這是一個重要的提醒。

川　回顧這一路的創業過程，剛開始我只是希望滿足這個市場需求，因為一個起心動念，過程中面臨很多懷疑跟困難，因為很多事情是以前沒有經歷過的挑戰。在這之前從來沒有人做過這件事，但我就是會想要試看看，總覺得去做了才知道，從過程中努力找到一個可行的服務模式。

所有的創業故事其實都是一個關於「行動」的故事，當然天時地利人和也很重要，但在這之中，最重要的還是要行動。抱著一個再獨特的好想法，要是沒有行動，終歸還是只能是想像。

傅 經常人家問我，我喜歡電影、我想要當導演，要從哪裡開始？我通常會反問，你上一次坐下來把想寫的故事好好寫下來是什麼時候？這才是最靠近理想的方法。任何一位導演的答案應該是大同小異吧，最核心的就是去行動，花時間孤獨地一個人坐在電腦前，把腦中的故事寫出來。

川 也有人問我如何判斷自己適不適合創業，「行動」是一個最好的篩檢法，去做了就知道適不適合。

當有一個想法，懷疑這到底可不行可行之前，先去行動吧。只要一路往前進，有時候一點一點緩步前進、或前進一步倒退三步都沒關係，不要只是停在原地空想。

傅 我又想起當年你喜歡音樂，去上課之後發現自己沒有做音樂的才華跟條件，所以就轉往另一個方向。行動的過程會發現答案，也會看到新的可能。

創業過程一定充滿各種辛苦，有沒有打算放棄過？

川

前幾天我去大學演講分享創業過程，同學也問到這一題。或許很多人都將創業的過程形容得充滿痛苦吧，我自己倒是從來不會這樣感覺。如果創業會讓人感到痛苦，應該要問自己，我為什麼要做這件事？

很多人分不清「痛苦」跟「辛苦」。人生在世沒有一件事是輕鬆的，尤其是從零開始做一件沒有人做過的事，過程必然很辛苦。可是讓我們靜下來想想一件事，讓人感到痛苦的往往不是痛苦本身，人的肉身才會感到疼痛，心是不會有痛苦的。明明在做喜歡做的事情，為什麼會覺得痛苦？那應該是在提醒你哪裡不對勁。若是感到痛苦就是在提醒自己，可能需要換個方式、換個作法，或者放棄做這件事，因為它可能並不適合你。

舉例來說，如果我年輕的時候真的硬著頭皮去做音樂，我可能現在會很窮很痛苦，因為我根本沒有足夠的才華做好那件事。勉強自己去做一件事，才會感到痛苦。就像主管突然交辦的事情，我現在因為不會而感到痛苦，但只要學會了，我就不會感覺痛苦了吧？就像我常常跟同事講的一句話就是：「只要不怕麻煩，就什麼事都不麻煩」。

行動過程中一定會遇到挫折，會有很多辛苦的時候。可是如果你具備想做這件事情的熱情，就足夠支撐度過那些辛苦，像我在開boven之前的五年，每個月都把薪水的百分之八十拿去買雜誌，生活就過得很窮，甚至因為兼差打工太累而病倒。因為我真的很想做這件事情，一點都不會感覺痛苦，想不想去做才是問題！

傅　拍每部電影都像是一次創業，需要設定目標、一步步籌措資金、找夥伴、面對市場挑戰，整個過程極為漫長，過程中當然也會有許多痛苦跟感到挫折的時刻，我也逐漸學習，問題只有解決了才會消失，但可以練習面對問題時，不要產生情緒的話，就不會有痛苦！那些問題只是過程必然會面對的，所有人都一樣，都必須面臨這些辛苦。

川　道理其實真的很簡單，你喜歡電影，這些事就都不會是痛苦的，而是會甘之如飴，當你喜歡這件事情，就要概括承受一切，因為這件事情就是包含無數的挫折，要加上這些才是全部。

創業也是如此。所有創業過的人都知道，創業當老闆最辛苦的是要願意去承擔一切，不管是過程或是要維持營運等，因為喜歡這件事，就不會感到痛苦，剩下的都是要怎麼去解決問題的辛苦而已。辛苦是一個很務實的東西，要如何解決，要怎麼樣打怪過關。

傅 很多人都會說當藝術家很窮沒錢為何要做，可是藝術家甘之如飴，因為他喜歡這件事情，哪怕沒有錢，哪怕不被認同，就算辛苦也不會停止，也不會影響想做這件事情的心。

川 在人類社會生活，只要不偷拐搶騙、殺人放火，要做任何事都可以。在創立boven的過程，其實不太管別人聽不聽得懂我想要做什麼。做任何事情都是一樣，很多人從外面看會質疑，「開這樣的店怎麼賺錢？」、「有人需要這樣的服務嗎？」雖然目前還沒有賺大錢（笑），但我做得很開心，而且boven已經開了十年，就是一個最好的證明，當然是有辦法賺錢才能持續生存下來，只是你沒想到而已。

傅 所有創業或創作的人都應該要學會自我感覺良好，並不是說要矇起眼當鴕鳥，而是要由內而外具備充份的自信，自我感覺良好，是真心相信自己要做的事，無所畏懼地面對一切質疑。

川

創業路上必定會遇到許多批評或看壞的眼光，那又如何？我是很務實的金牛座，從來不會花時間力氣在不喜歡我的人身上。為什麼要因為一個路人覺得你這樣穿不好看，就懷疑自己的美呢？更重要的是我想要做什麼？我的人生想要經歷什麼？把有限的精神和腦力花在值得的人跟事情。如果沒有這樣子的自信跟意識，或許就不太適合創業吧。

take four
「雜誌概念／版面」立體化

第四次對談……2024／5／10
人物………………周筵川╳傅天余

拓展核心來自樂意分享

傅　今天是二〇二四年五月十日，進行第四次的訪談。二〇二五年boven即將邁向第十年了，真的很不簡單。

川　我的個性是不會先設想太多，凡事先做了再說，一路發現問題，一路解決問題，帶著這樣的心情前進，不知不覺就走到這裡了。

當然有遇過許多困難，比如疫情那幾年維持得非常辛苦，甚至差一點就沒辦法再繼續開下去，幸好撐過來了，都要感謝我們的會員與夥伴不離不棄的支持。

boven的創業過程，我要感謝許多人，正是靠著這些機緣，才有了今天的boven。此刻回頭看，才發現每樣經歷都是必不可缺的機緣，從我年輕時的工作經歷，到決定目標之後持續出現的貴人，到遇到現在的房東，同時多虧家人一直體諒支持，讓我可以做想做的事。有許多朋友用他們的方式助我一臂之力，即便他們可能並不了解我真正想要做的是什麼。

廣結善緣很重要，更重要的是，你必須要很清楚自己想做什麼，為什麼想要做這件事情？有時候不一定是金錢上的幫助，更重要的可能是某些神奇的連結。像是在租書店時遇到的咖啡店長，透過她介紹了boven的好房東給我。最終還是必須先把自己的部分準備好，清楚想要做的方向，自己該準備好的能力，以及資金的需求，單純而熱情地分享，自然會吸引到需要的機緣。

傅　許多工作方法和商業書籍裡，會用「人脈」這個詞，告訴大家要儲備很多人脈，人脈才會帶來金脈等等。但我總覺得人脈這種說法，像是要刻意的去認識很多人，帶有一種功利的意味。其實更重要的核心在於「創造連結」、「廣結善緣」，目的並不是要追求人脈數量或算計利益，而是讓自己處在一個開放的狀態，才可以與很多人事物自然產生連結。

川　人脈跟連結的差別在於，「人脈」帶有預設的功能與目的性；但「連結」則是充滿著不設限的期待。今天有緣分跟一個朋友分享你想做的事情，並不是期待著對方拿出口袋裡的資金，或是可以幫忙介紹誰，或是看中對方與哪個單位有關係，可以幫忙打通什麼。

boven剛開始是一個模糊的概念，「雜誌圖書館」是一個沒有人看過的全新模式，需要自己慢慢摸索，確認這件事的目的是什麼。自己先確信了之後，才會遇到這些有能力幫助、也願意幫助你的人，也才能夠清楚尋求他人的幫助。現在如果有人說打算要開一家店，我會請問他的規劃是什麼？預期的收入哪裡來？這些事在還沒開店之前，一定就要做好規劃，當遇到難得機會的時候，才能夠馬上與對方產生連結。

boven拓展的核心不是經營，而是來自分享的熱情。

我的個性很喜歡分享，無論是因為從小在菜市場長大，或是後來在唱片行工作，這些經驗都很有關係，內化在工作與平日與人相處的過程中。以前在唱片行工作的時候，除了每天會遇到各種客人的考試，那些厲害的導演、音樂製作人也常常會出題目，問我有沒有推薦的曲風曲目？我會認真想最近有沒有什麼好聽的音樂？或是新發行的好東西可以推薦給他們。彼此經常分享自己喜歡的樂團、歌手，無意識間就會交流各種事。我很喜歡這樣子與人的交流，因為共同喜愛某個事物，而建立起交流與分享的連結。

在準備創業的時候，我也時常跟周遭人分享，自己想要成立boven的想法，也是同樣的感覺。我們都是因為喜歡看雜誌而有共同的興趣喜好，在這個連結的基礎之上，產生了很多自然開展的可能，這是boven一直到現在都持續不斷發生的。

傅　在boven的故事裡，因為這些連結，產生了許多超乎你原本預期的發展，包括我之所以會加入團隊，也是因為這樣的連結的。

當初我單純透過朋友介紹來到boven，來了之後，立刻發現這裡是一個自己很喜歡，也很方便使用的地方。和老闆認識之後，發現是一個個性友善親切的人，當時我剛好有個私人狀況，我受邀在一所藝術大學的電影研究所教編劇，那所學校在遙遠的淡水關渡，每週通勤去那裡上課舟車勞頓，於是我就和老闆商量，是否可以借boven辦公室空間讓我跟學生上課，老闆人很好一口答應了，於是我就跟學生在這邊上了一年的編劇課，也對這個空間更加熟悉。

川　要產生連結，就要抱持著不帶目的性的開放態度，甚至也不用太熱血。

其實我覺得臺灣社會似乎太過度強調「熱血」跟「熱情」，似乎每個人每天都要很嗨，時時保持熱情才可以。但是熱情是一個很空泛的想法，不是嗎？「保持開放」或許是一種比較輕鬆的說法，讓人聽起來比較沒那麼有壓力，也是我切身的感受。

不管是電影或是boven的工作，保持熱情其實就是持續開放自己，願意讓各種可能性發生，對於每一個遇到的人、對這個世界敞開你的可能性，讓好的連結能夠發生。

從客戶需求蔓延出的boven cafe

傅　雜誌圖書館的一樓，現在是咖啡部門boven cafe，這並不在一開始的規劃中，而是我提出的建議。導演的工作經常需要約人喝咖啡聊天或開會，在雜誌圖書館總要壓低聲音交談，不能暢所欲言而感到有點麻煩，於是我腦中忽然有一個念頭，要是boven有個咖啡部門就好了！除了可以在這裡工作看雜誌，也方便約朋友來討論事情。有一天我跟老闆聊起這件事，自然而然生出了共同合作的想法。

當時我設想的畫面是，一樓是最好的地點。如果客人想要認真工作，可以選擇在地下室安靜的雜誌圖書館，在一樓打造一個有雜誌特色的咖啡空間，除了可以讓客人放鬆休息一下，店內也提供雜誌給喝咖啡的客人閱讀。

川　你從使用者然後成為夥伴，說明我想的沒錯，客人永遠都比老闆更清楚他們需要什麼。

傅　我是以一個挑剔的客人身份加入團隊，負責提出還有哪些需求需要被滿足。

比方說寫劇本階段是很孤單的，光是坐在家裡一直想，往往想不出什麼好點子，會很想有一間熟悉的店，可以每天來工作，有類似的人在一起，但又不會互相打擾，相信有很多人跟我有同樣的需求。另外地點也不能太偏遠清冷，最好周圍有強烈的市井氣息可以觀察。「雜誌圖書館」所在的忠孝東路在臺北市中心，是一個住商混雜、整體有些凌亂的地方，這裡交通方便，我認為這種環境很適合創意工作者。

川　雜誌圖書館變成了一個創意人的集中地，每天有各種人在這裡找資料、工作、發呆，有時候我看著客人，都會想他們到底是在做什麼樣的事情呢？在想什麼有趣事呢？會感到很好奇。從淘兒時期，我就是一個服務創意人的人，我很了解他們的需求，也盡力希望可以滿足客人需要的。

傅 一個創意工作者需要的場所，並不是漂亮的辦公室或者是豪華的大空間，而是需要這樣的環境，可以隨時分心又有伴，不會感到孤軍奮戰。周遭也充滿自家書房會有的東西，沒有靈感的時候，就站起來隨意掃描架子上的雜誌，翻一翻圖片，可能就冒出了一個點子。如果需要開會討論，一樓也有可以好好說話的咖啡空間。它有一點公共空間和私人空間融合的感覺，實際上是最適合創意工作者的地方。在這裡好的想法很容易會自然而然就冒出來。有些地方就是特別能夠讓人冒出這種靈感的氣泡，無論是身體上的、地點上的，還是周遭的氛圍。

川 當時在討論boven cafe會是什麼樣的咖啡店時，我們不斷思考這個問題。「只是單純販售咖啡的空間嗎？」後來一致同意，除了咖啡店功能，應該要延伸boven的調性，維持一致的氛圍跟氣質。

傅 我首先提出讓一樓咖啡空間是一個「立體雜誌」的概念。相較於地下室偏靜態的雜誌圖書館，一樓可以像一個雜誌的show room，除了靜態的雜誌，也可以辦很多活動或展覽，將「雜誌概念／版面」立體化。我希望整家店就像一本有趣的雜誌，一個都會潮流情報站，在這個空間會有有趣的事情不斷在發生，大家只要來到boven，就可以接觸一些正在發生的有趣事情、有趣的人、有趣的品牌、各種最新生活藝文訊息。boven cafe可以像一本雜誌一樣，一直不斷更新內容，如雜誌般帶給客人各種靈感的刺激，是一個「靈感的場所」。

川　確認主題、設定需求之後，再來規劃店內的整體方向、氣氛和販售的商品內容。它並不是要讓高中生或網美們喧鬧聚會打卡的地方，提供的餐飲也往簡單美味的方向設定。當中一定會加入夥伴個人的喜好，比如明亮的空間、不希望咖啡裡瀰漫著食物的味道，或是太吵雜的音樂等。

傅　當時一樓原本是另外的店家，當我們有這個明確的想法不久後，一樓店家突然決定結束營業，那個空間就空了出來。這個過程很神奇，簡直就像是老天爺聽到你準備好了，於是就出手幫忙。一樓的店面和地下室屬於同一位房東，和房東溝通這個想法之後，也很順利拿下這個空間，在一樓成立了boven cafe。現在boven一樓是咖啡店，樓下是雜誌圖書館，對於使用者來說更加方便使用，也擴大了boven雜誌圖書館的服務內容。

川　商業的秘訣在於，跟著使用者的需求走，因應顧客的需求而展開。咖啡部門完全是從客戶需求中有機蔓延出來，並不是基於拓展業務那種商業概念去思考。作為一位營運者，我思考的是怎麼樣能讓整個空間的服務更好，提供給使用者的體驗更完整。

讓事情一起發生的臺南夥伴

傅　近幾年臺南幾乎成為一種文化現象，成為最熱門的觀光旅遊城市，每天都有非常多觀光客湧入，各式各樣厲害的店不斷在臺南開出來。二〇二二年boven在臺南開了分館，當中的機緣是什麼呢？

川　這個過程也是來自有機的蔓延跟連結，而不是朝開分店的思考去計畫。

臺南現在是臺灣最具有想像力與活力的城市，本身具有獨特的城市個性，以及扎實而迷人的在地魅力，又老又潮，融合傳統在地生活文化，又有最有趣新潮的商業活動，我非常喜歡臺南。

臺南的夥伴是土生土長的臺南人，家族經營著當地的印刷廠，因為如此，他對於具有溫度的紙本雜誌特別有情感。他邀請了「本事空間製作所」把老家三層樓的空間進行翻修，一樓打造成很棒的咖啡店StableNice，因為想要提供雜誌閱讀的服務找到了boven，來臺北找我們聊天，他覺得在臺南也很適合有boven這樣的空間，一向精通生活品味的在地臺南人，對這些生活資訊有著迫切的需求。另一方面，除了作為靈感的聚集地，他也想打造一個當地許多年輕創業老闆們可以聚集交流的場所。在聊天之間感覺彼此很投緣，可以一起做些有趣的事，有種物以類聚的感覺。另一方面，我們的確也發現臺北以外的地方有不少讀者需求，考慮逐漸把服務擴大到中南部。在看過臺南的空間後覺得很適合，所以在很短的時間內，決定在成立boven的臺南分館。

傳

我認為當一個人或一家店很清楚自己在做什麼的時候，自然會有物以類聚的吸引力，該出現的時機、適合的人，就會帶著很好的想法出現，共同找出更多可能。

川　的確就是如此。boven即將迎來第十年，從以前到現在這十年之間，很多人因為boven而發生了許多連結，也在這裡發生了許多可能。從第一家boven雜誌圖書館成立到現在，繳年費的會員人數已經達到三千人，也增加很多各領域的B2B客戶，在一樓成立擴大了咖啡店部門boven cafe，二〇二一年成立了boven的臺南分館。

傅　這些是一開始就有的規劃嗎？

川　完全沒有。當初成立雜誌圖書館的時候，我並沒有設定它未來要變成一個連鎖品牌，或是要在全臺灣開一百家店這類的商業企圖心，每一天只想著專注把當下的事做好，服務好每一位客人。

boven以雜誌閱讀服務作為基礎，十年下來，它長得比我當初想像的更加好動有活力（笑）。展望boven雜誌圖書館接下來的發展，我希望能找到一起推動事情發生的夥伴。

期待在未來可以發生更多有趣的事，讓這個服務創造最大的價值跟互利。

傅 有些店或是事業體，當完成的時候就是完成了，要做的事似乎已經完結，但我覺得boven持續有機生長的狀態，來到這個階段是充滿無限可能，才要開始的感覺。

川 大概經營到第三年、第四年，我慢慢發現「雜誌圖書館」的業務拓展，很多時候都是來自於原本的使用者。於是我思考，為什麼會這樣呢？然後發現，很多客人或者是會員都是各行各業臥虎藏龍的人、各領域的專業經理人、老闆或品牌顧問等。他們除了因為自己的需求來到boven之外，還會在自己負責的工作範疇內，想到可以合作的機會。

最早發現這個模式，是在我剛開始服務美髮產業的時候。那些助理或實習生在成為設計師或創業當上老闆之後，由於以前工作的地方就是我的客戶，知道有這項服務，所以他們也想要繼續使用，最終就成為了新的客戶。

有些客人是大學時期就來過的會員，出社會之後因為對雜誌有興趣會繼續來，這些年輕人因為性格關係，就業職涯也經常會是往企劃、行銷、公關、策展這些角色，當他們工作上需要進行企劃時，就會想到可以找boven一起做什麼。

也有很多客人在不同公司間換工作，從小主管變成新事業體的重要品牌規劃人時，會回來找我合作。boven的會員很多都是從事各行各業裡很有才華的人，不管是自己當老闆、還是品牌負責人、行銷企劃等等，無論是生活風格、香氛品牌、電器，從他們各自產業的角度，看見可以如何與boven合作。不久前，有一個咖啡品牌想替自己的空間轉型，打造一個有趣的複合式空間，執行的團隊成員正好就是boven的會員，於是透過boven的服務讓品牌的價值加乘。

如果用股票來說，這可以說是一種「時間帶來的複利效應」吧，長期的客戶關係會帶來的巨大價值。

傅

這個現象很有趣，原本是客戶的使用者，在事業發展過程中，因其專業需求反過來成為企業的合作夥伴，並帶來了新的商機與可能性。

雜誌圖書館的發展，不是靠著做廣告或行銷。因為當初設定明確，感興趣的客人自然會找到這裡，因為這樣，來的客人都是喜歡這項服務的一群人，這些人在年輕時對新資訊感興趣，他們的工作和職涯發展也自然會在創意領域，等到她們要規劃活動時，很自然地會想到找boven合作。

川　其實最有趣的是，很多時候我並不知道 boven 還可以做什麼，都是忠實會員告訴我boven 還可以做什麼，本來是客人，他們的合作提案告訴我還有什麼可能性。我的使用者打開了我的不一樣的想像力，忠誠的客戶會成為企業發展的新動力。

傅　所以說，不用一味想著如何擴張事業，而是專注在核心服務，努力滿足使用者的需求，客戶就會為你帶來更長遠更大的可能性。

川　專注服務的同時要保持開放，要保持企業像一本雜誌，每次都有新東西出現，這樣才不會失去動力前進。藉由不斷傾聽忠誠客戶的意見，能夠獲得新的資訊跟靈感，進而去開拓新的服務機會跟合作的模式。

當我們跨界「plus」在一起

川 「雜誌」本身就能呈現生活的不同面向，包含各種產業、食衣住行、興趣收藏等無數主題，而且不斷產出源源不絕最「in」的內容，也因為這樣的特性，讓boven透過雜誌這個介面，與各種人事物都有了連結，讓boven不只是一家店，也可能是一種服務，可以跟各種業種跨界「plus」在一起，激發出更多有機的變化，讓事業體本身也「活得像一本雜誌」。現在boven有不少有趣的外部合作，接下來分享幾個不同領域的例子：

五方食藏…………甜點主題閱讀空間

川 這是一家臺北知名的餐飲品牌，旗下還有精緻的法式甜點麵包品牌——珠寶盒。主理人Susan先是boven的個人年費會員。一開始，我並不曉得她本身是甜點麵包餐飲的專家，只知道這位客人很喜歡看各種關於料理或甜點麵包的雜誌，對於店裡美食或設計類的書都很有興趣。後來，他們準備要在大稻埕開新分店，因為長期以來一直喜歡boven的服務，便希望也能在新餐廳打造一個飲食甜點的主題式閱讀空間，由此開啟了彼此合作的機緣。現在在餐廳二樓的閱讀空間，有她蒐集的大量甜點麵包餐飲相關珍貴藏書，還有boven提供的主題雜誌，也會定期挑選新書，在餐廳之外，提供一個讓有興趣的人能夠尋找資料與汲取靈感的空間。

傅 近年日本出現了很多有趣的複合文化設施空間，把各種大大小小空間規劃出豐富有趣的多樣性，消費者去到那個地方可以做很多事，可以坐下來喝咖啡吃東西之外，還會結合商場、戶外用品設備、腳踏車、或是美術展覽表演等。有越來越多店家在規劃時採取這類複合的概念，除了販售自家商品之外希望店內有更多可能性，不僅可以傳達給客人更深入的專業理念，也可以帶入更多不同面向的客人。

川 各種概念的商業主題加上boven，任何地方都可以是一個創意靈感空間。比如UNIQLO在巴黎的新店，就在三樓設置了一個閱讀空間，消費者在購物之餘，可以坐在沙發休息片刻，閱讀由當地書店精選的藝術書籍與繪本，享受放鬆的時光。

森SPACE……靈感共享的共用辦公空間

川　這是一間位於新竹的共享辦公空間，他們請到「無印良品」團隊來設計打造空間、家具也全部使用無印的產品。共享辦公室共有兩個樓層，一個樓層是共享區，採取開放式隨機的座位，另一個樓層是有獨立辦公室的辦公區。他們想要在共享區提供一個讓使用者找靈感找資料的閱讀區，便開始了與boven的合作。

PINKOI……企劃行銷吸取靈感情報站

川　和網路電商平台PINKOI的合作也很有趣。PINKOI主要是販售設計商品的電商平台，目前的服務擴及全亞洲，集結亞洲各個創作人的品牌，包括、服裝，設計小物，然後也有一些手作的品牌，除了臺灣之外，包括日本、泰國、新加坡、香港，也都有使用者在這個平台上。因為他們的平台有很多網路行銷案，企劃部門需要大量資料做為參考，用來瞭解現今使用者消費的趨勢。所以他們成為我們的企業會員，每個月會定期幫他們選書。

傅 選書的內容和題目是你會跟他們討論嗎?還是你幫他們挑選?

川 網路電商就像百貨公司一樣，每年都會根據檔期規劃各式各樣的行銷主題。除了母親節、父親節、新年這些固定的重要節慶之外，也要不斷企劃一些能吸引消費者興趣的主題，例如「你想要過什麼樣的美好生活」、「如何找到一個全新的自己」等。平時，企劃行銷人員會需要一些內容靈感，他們會提供給我一些關鍵字或是文案裡面的部分資料，透過書信往來及電話的溝通，幫助我更了解他們需要的資訊跟情報的範圍，通常，我也會從特輯企劃雜誌、設計雜誌、服裝雜誌、或生活風格的雜誌內挑選一些有趣的企劃概念，作為他們企劃工作的靈感來源。

傅 各行各業都很需要企劃力，幫消費者找到花錢的理由(笑)。擁有靈活企劃力平常就需要大量資訊和靈感。雖然現在只要一連上網路就可以搜尋到無止盡的資訊，但那些東西都是別人已經做出來的成品，雖然也具有某個程度的參考價值，但很容易變成是模仿或抄襲。創意人還是必須從更原生的靈感——書、電影、音樂、生活等等找靈感，透過自身轉化出來的東西，才會具有獨特性與原創性。

川　電商平台的販售模式，特別需要快速大量的資訊刺激消費者，紙本雜誌除了能提供企劃文案的靈感之外，裡面大量的插畫照片跟設計排版，對於網站美術設計和平面設計工作者來說，也是一個寶貴的資料來源，也正是雜誌成為設計師重要參考來源的原因之一。

雜誌是一個非常精彩的媒體形式，每個月都可以在不同的雜誌裡面找到一些有趣的事物。雜誌也是緊跟著當下生活的情報來源，像是一個品味很好的嚮導，幫忙篩選整理好資訊。一本雜誌之所以值得收藏，是因為它蘊含了豐富的靈感刺激，有很棒的音樂介紹，很棒的訪問，很棒的地點介紹、很棒的美感示範，這是為什麼我一直覺得雜誌是不可或缺也不會被取代的形式。

傅　我最近讀了一本很棒的書，書名是《創意的基因》，作者小島秀夫是非常有名的遊戲製作人，他提到自己是個每天都一定會逛書店的人，那對他來說是最重要的的刺激，他的生活當中不能沒有書。透過每天逛書店，不停磨練身為創意人的敏銳度跟感情，書店中有大量最新最有趣的資訊，可以鍛鍊自己如何在大量情報訊息裡快速找到最有趣的、最有感受的，這是身為創意人需要不斷磨練自己的基本功。

川　我完全同意他所說的，這也是為什麼很多創意人會忽略的一件事。如果只看已經做好的東西，想像力就會跳脫不出來，因為那是一個結果。應該要習慣性地接觸原生內容，才能真正激發靈感。

JL DESIGN……………吸取潮流最前端養分

川　我們也提供設計公司選書服務。JL是頂尖的臺灣設計公司，創辦人羅申駿是非常知名的設計師跟創意人，公司曾負責過過許多大型典禮例如金曲、金鐘、金馬頒獎典禮的主視覺設計，以及參與多個國內外電視頻道的開頭影片的製作，現在參與的案子也涵蓋了空間設計規劃、品牌的創新包裝等，團隊裡有許多平面跟多媒體設計師，都必須站在潮流最前端去思考，需要大量的設計情報以及不同領域產業的最新資訊。雜誌為設計師們提供源源不絕的靈感養分，幫助他們在各種領域、產業範疇持續不斷地進行創意發想。

美好金融……用雜誌與消費者建立對話

川　JL DESIGN的創辦人羅申駿同時也是美好金融的品牌總監，美好金融本業是一家證券公司，在進行品牌改造的時候採用了boven的服務，利用boven的藏書與選書服務幫助團隊創意激盪跟討論，為品牌規劃與設計提供靈感。他們甚至創辦了一本品牌刊物《1611》，用雜誌的形式展現多樣觀點，想要與消費者建立起長期的對話。雖然現在紙本雜誌暫停出版，網路仍延續紙本精神，針對一般大眾產出內容，希望讓大家更認識投資理財金融工具。

傅　這是很棒的溝通策略不是嗎？理財這個題目，以往在與消費者溝通時只與金錢來往有關，其實與一個國家的人民對生活的想像力有關，如他們的品牌名稱一樣，金融投資是為了讓人可以擁有更美好的生活。另外，因為常常去銀行辦事，我自己覺得銀行這個空間是很需要雜誌可以打發時間的地方。

竹間聯合建築事務所……提供對生活細節的具體想像

川　boven客戶中不乏來自建築、空間設計領域相關專業人士。竹間聯合建築事務所的創辦人簡學義先生是非常知名的建築師，他的代表作包括第一家誠品書店（中山店一九八九）、鶯歌陶瓷博物館（一九九二）、還有近年獲得臺灣建築獎首獎的臺北市網球中心（二〇一七）等。設計boven空間的顧相璽建築師，經常帶好友們來boven喝咖啡參觀，作為對我們的支持。透過這樣的連結，簡學義建築師得知我們有企業會員的定期選書服務，而我們的館藏內容，也都是他們定期採購的建築雜誌和書籍，於是成為我們的企業會員。

傳　建築是打造人們住在裡面生活的空間，無論是建築師、室內設計師、或是銷售公司人員，必須不斷思考消費者想要住在什麼樣的地方，當代居家的各種樣貌，以及對於生活細節的具體想像，這些題目都是紙本雜誌最強大的地方。日本與歐洲有許多很棒的空間設計類雜誌，很可以作為靈感來源。

臺北市建築師公會……會員限用的「外部圖書館」

川　臺北市建築師公會是一個開業建築師都會參加的公會，會員都是建築師或是事務所實習生，它的屬性很特別，會提供許多建築相關專業知識的協助，平常也會舉辦各種建築研討會，甚至有出版一本自己的建築師雜誌。他們邀請boven加入提供服務，作為會員限定使用的「外部圖書館」。

傅　「外部圖書館」這個概念很棒！每個從事創意工作的人，都應該有幾個自己補充靈感的創意能量站，在家與公司以外的資料庫，組合成自己的靈感配備。boven可以作為客戶的外部圖書館來思考，連結到現在流行的共享經濟概念，可以大大節省公司或個人在這方面的建置費用。就像我第一次走下來boven的驚喜，原來我可以不用自己花錢，也不需要家中堆滿一堆雜誌，就能有個地方收藏所有我想要的資訊，我只要去使用就好。

新北市政府青年局……啟發初入社會、創業需求青年

川　新北市政府青年局是位於板橋捷運站附近一棟大樓裡的服務據點，主要目的是服務市民，尤其是針對初入社會有創業需求，或尚未確定、正在尋找人生目標的青年。這些青年多從大學畢業到三十幾歲，甚至延伸至四十歲這個區段。市政府定期會舉辦各種課程，邀請專業講師辦工作坊，boven透過選書服務，幫助來到這個場域的人，對各種行業以及創業有更多的想像與規劃。

傅　雜誌的確可以給人很多創業的靈感。像日本城市生活雜誌，例如《Casa brutus》、《brutus》、《POPEYE》是當地最新的潮流生活情報，裡面都是最前端的城市生活訊息。

有一次找在東區巷子裡經過一家看起來很精緻的薯條專賣店，那在東京是一家頗有話題的時髦薯條店，沒想到臺北竟有分店！我走進去吃吃看，跟兩位年輕的老闆聊起來，他們竟然說是在boven翻雜誌的時候看到某本雜誌介紹這家薯條店，覺得很有意思，就跑去談了品牌授權引進臺灣。我去的那時候，生意不好準備要停止營業了，儘管不是一個成功的創業案例（笑），但仍然可以說明，看雜誌可以找到創

業的靈感。祝福他們可以找到下一個創業的點子，歡迎再來boven看雜誌找靈感。

伊林模特兒經紀公司（伊林娛樂）……保持對時尚的敏銳度

川　時尚產業也是紙本雜誌很精采、很重要的一個領域。我們也曾經和伊林模特兒經紀公司（伊林娛樂）合作。伊林娛樂是臺灣數一數二的模特經紀公司，旗下有很多高質感的模特兒，也培養演員、主持人、製作節目，後來轉型成多面向的娛樂公司。這些年，我們的服務在業界也建立了一些口碑，特別是在娛樂產業、設計產業或一些設計師之間，他們都會主動幫我們宣傳。正是因為他們其中一位高層知道boven的服務，希望透過boven的選書和雜誌，幫助旗下的模特兒、藝人增加對於美感、流行穿搭品味，保持對時尚的敏銳度，讓他們能有更強大的自信去展現自我。

傅　從B2B的企業會員服務可以認識到臺灣許多充滿特色的店家，品味好又充滿活力的老闆，做著有意思的事。

川　boven很多的客戶都是來自各行各業特別有想法的人，共通點都是，他們一直不斷在替自己的專業尋找新可能。

boven的服務模式也像是一種創意產業平臺，我們的會員或是客戶，涵蓋了飯店旅宿、餐廳、服裝品牌、各式各樣的產業，很多人持續不斷在追求進步，敏銳地與世界保持同步，持續做著各種有趣的事，我們也會想跟這些品牌一起進步，一起探索生活的更多可能。

boven的視角就像一個濾鏡，投射出去看見的風景，臺灣真的有各種人在做著各種有趣的事，充滿活力，一點都不會輸給國外。

心著（SYNDRO）股份有限公司⋯⋯⋯顧客休憩放鬆的角落

川

「心著」是來自臺灣的服裝品牌，成立於二〇一三年，主要設計生產男性仕紳衣服，品牌有九五%為臺灣製作，有很多創意人都是這個品牌的客人。講究服裝的設計剪裁與材質，是品牌的很重要的一個特色，設計師兼創辦人平常就有大量閱讀的習慣，這些閱讀也是他很重要的靈感來源。目前實體店面位在民生社區巷弄內，他特別在店內打造一個咖啡閱讀區，透過boven的選書，提供顧客休憩放鬆的角落。

ROCKLAND P.L.U.S.（已於二〇二四停業）……激發客人更多購買慾望

川 ROCKLAND P.L.U.S. 是一家以戶外為主題的的咖啡複合式空間，位於臺中草悟道，一樓是戶外風格選品店ROCKLAND，地下室是叫P.L.U.S.的咖啡空間，除了提供厲害的咖啡之外，也販售各種戶外精品用具。因為店家設定的主題明確，邀請boven針對Outdoor的主題提供選書，讓客人在這個空間選購戶外用品的時候，有很多資訊可以參考。日本的戶外活動很發達，有許多知名戶外雜誌如《Camping》、《OUTDOOR》等，除了新商品的開箱、各種戶外體驗主題、專家的用品評分等，示範穿搭的照片，boven藉由這樣的主題選書，幫助客人在選購特定商品時做出最好的決定，甚至激發客人更多的購買慾望。

雜誌選書可以作為傳遞店家理念的極佳輔助，雜誌是最能夠傳遞想像的形式，可以讓店家的商品更有層次。這些高品質的雜誌，可以說是最好的購物指南，甚至可以作為店家販售商品的型錄來使用。

丘丘・森旅……………用閱讀追求身心靈療癒

川 近年有越來越多旅館、飯店來尋求boven合作。隨著旅遊度假的形式一直被重新定義，除了吃喝玩樂，許多人期待放鬆同時可以充電的啟發之旅，國內外也開始出現各種新型態的旅宿空間。從boven的角度來看，臺灣越來越多有企劃概念的旅宿業者，當中像是由Home Hotel團隊規劃、位於花蓮鳳林的丘丘・森旅，是一家結合「靜心與渡假」概念打造的高質感旅宿品牌，以接近大自然，追求身心靈療癒為主題。在度假村中規劃了一個可以讓客人靜心的閱讀空間，呼應旅宿的主題設定，由boven提供選書，讓客人在休息度假的同時，也能得到一些新的啟發，從不同角度吸取知識與靈感。

傳 近年來日本有很多的飯店旅館，並不只是旅行過夜用的空間，而是以企劃型概念去發想的旅宿，比如我自己非常喜歡的「里山十帖」、「箱根本箱」，由日本知名的雜誌《自遊人》的總編輯岩佐十良先生操刀設計，從雜誌編輯的概念所企劃的旅宿空間，透過專業編輯的企劃力，讓旅宿飯店如同一本立體的雜誌，具備豐富的內容，讓客人除了身心靈的休憩之外，也可以獲得各種身心靈五感的啟發，我覺得這是很棒的概念，也希望臺灣有更多這樣的旅宿。

外掛市集活動…………流動式的crossover

川　近年臺灣各地有大量的市集活動或是戶外音樂祭，boven也經常受邀參與，時間許可的話我很樂意參加。參與這類市集活動的目的之一，是希望讓更多人認識boven，了解boven能提供的服務，我們自己也可以趁機放鬆一下。

我們會根據活動的主題，挑選適合的雜誌出攤，希望傳達，閱讀可以隨時發生在各式各樣的場合。年輕人在參加音樂祭同時，經過我們的攤位，看到了之前不知道的書、停下來翻翻有趣的雜誌，偶然之下帶來一些刺激，那樣就有價值。

傳　閱讀的面貌很多，不需要看得太嚴肅。因為覺得有趣，所以才會去看書、看電影、音樂、看雜誌。推廣藝術文化把它當做一件越日常的事越好，雜誌就像調味料一般，能為生活添加樂趣。

川　參與市集的目的，除了讓更多人認識boven，也是一種對外創造連結的方法，合作的可能性就這樣誕生了。例如跟臺灣本土床墊品牌「眠豆腐」（Sleeping TOFU）的合作契機。眠豆腐最早是從床墊製作起家，持續研發各種與休息與睡眠相關領域的產品。某次兩個品牌一起參加市集，我們正好在他們隔壁攤位，市集生意不太好，我跟老闆有很多時間可以聊天（笑），聊聊突然覺得「躺在舒服的床墊上看雜誌是一件很愉快的事啊」，我們好像可以一起做個crossover，於是就立刻推出了讓來逛市集的人躺在眠豆腐上翻雜誌的體驗活動，客人在上面滾來滾去的很開心，就這樣因緣際會下認識。他們是一個年輕有趣、從使用者需求出發、做得很棒的床墊品牌。之後「眠豆腐」在打造實體體驗空間的時候，也加入了boven的選書服務。

傅　現在是一個crossover的時代，影視娛樂也很熱中各種跨界合作，品牌互相聯名等等，透過共同合作，帶給消費者一加一大於二的新鮮感，也擴大市場的觸擊。「床墊」跟「雜誌閱讀」，乍看兩者是完全沒有關係的業種，眠豆腐與boven間的連結來自內在的品牌態度，都是對生活好奇、想要為客人打造一個舒服的空間，內在層次的連結是相同的。轉個想法，就可以互相在彼此身上看見原本沒想到的可能性，合作的契機就這樣發生了。

建案建商合作……讓住戶對生活有更多的想像

川 boven就像是一面有趣的濾鏡，可以看到臺灣很多行業的轉變。比如建築行業，疫情結束之後，北中南忽然陸續有建案來找boven合作。近年的住宅越來越多是集合式小坪數住宅，住在同一個社區的人口非常多，從一百戶、兩百戶到超過五百戶的大型社區形態，因此社區的公共設施必須要有更當代更年輕化的需求，建商除了賣房子，也要提供住戶更多加值的服務，滿足現在購屋者對於住居環境的需求。

透過這些來找boven合作的建商，我也強烈感受到本土建築產業的思維變化。過去建案社區裡附帶的公設閱覽室，通常只是聊備一格，現在購屋者生活方式改變了，加上疫情後「在家工作」的人越來越多，住戶對於居家社區的閱讀需求也期待很高。建商要更具有企劃能力，賣給住戶的除了空間房屋本身之外，還有對於美好生活的想像，更多加值服務，有越來越多建商也願意投入資源，打造一個閱讀空間或帶入定期選書的服務。

每個不同建案裡面的閱讀空間，可以依照預算跟需求，由我們提出空間規劃的建議，建商打造專門的空間，也可以單純只是與boven合作定期選書，提供住戶各種生活型態的讀物，也可以規劃相關講座與活動。通常挑選的主題是一般人較感興趣的「國外旅遊」、「料理生活」、「花藝園藝」、「空間設計」、「收藏」等，透過boven選書讓住戶對生活有更多的想像跟啟發。

還有過預售屋的建商，購買一批雜誌圖書館的會員卡贈送給買屋客戶，讓客戶在預售期間可以使用boven，可以開始想像未來住進去的時候要如何裝修空間，在預售期間就可以累積對未來生活的嚮往，非常貼心有創意。

傳

身為紙本書跟雜誌的愛好者，雖然經常看到實體雜誌休刊或停刊的消息，透過boven，我也知道依然有新的雜誌不斷在創刊出版。因為boven而有不一樣的觀察角度，讓我在思考這個題目的時候，會有比較樂觀的想法。

現今大型書店或是獨立書店的生存越來越困難，因為時代的改變，實體書店已經很難依賴銷售的營運模式維持，對於「閱讀」我仍舊抱有樂觀的看法，就跟電影一樣，大眾的需求雖然減少，但也絕不會消失，人類仍渴望從各種閱讀裡尋找慰藉與靈感。如今消費形式已經大不同，必須透過各種方式，讓閱讀化為更自由多元的形式，住宅裡的閱讀空間就是不錯的方式，可以讓大家輕易在生活裡就接觸到訊息，進而產生興趣。

川

雜誌圖書館最初成立的時候，沒有想過可以跟這麼多產業有關。不管是哪種行業或委託，合作的過程，我最在意的是客戶需求，會先了解「業主為何找我們？」、「業主希望透過boven獲得什麼？」、「業主想要透過這個服務帶給客人什麼？」這些交流，不斷讓彼此的想像更擴大。

透過這些合作產業各自的觀點，發現這些都可以與boven有關，我們也持續在思考boven更多的可能，原來boven可以不斷變形，可以存在各種場域。

實體活動帶來空間動能

川　大家雖然越來越依賴手機和網路，但在此同時，實體活動的需求也急速增加。現在不管線上或線下，「社群經營」越來越重要，舉辦實體活動也成為常見的行銷形式，空間需求也越來越多元。

雖然在正常營運事務之外需要耗費人力，實體活動會給空間帶來人氣、創造人與人之間的交流，我認為非常重要。

在這裡舉辦的實體活動，形式也像雜誌一樣，隨著人們的喜好及潮流趨勢不斷變化。boven 成立時，會在這裡發生的都是形式比較簡單的活動，例如讀書會、工作坊或者講座等，因此場地的硬體設置也是根據這些去考量，準備好投影機、麥克風、桌椅等就可。近年有各式各樣不同的展覽、展售會，開始有人在這裡辦線下 Podcast 聚會，結果發現也很適合錄 Podcast 現場節目，於是開始有人想要這樣使用。因為活動的形式，店內也需要陸續增添相關設備，這都是當初不可能想到的，就是跟著變化去學習。

傅　這裡發生的活動都是由內部所企劃嗎，還是怎麼產生的呢？

川　各種狀況都都有。有自己規劃的活動，但大多數還是來自別人看見這個空間可以做什麼，以租借場地的方式，boven 擔任共同協力。畢竟一個單位的企劃力與人力有限，要靠其他人的點子挖掘空間的多樣可能性。

傅　可以舉一些實例說明這些活動的進行方式嗎？

川　畢竟 boven 是雜誌圖書館嘛，這裡收集了來自世界各地的雜誌，除了提供閱讀，我們也想持續透過各種策展，將雜誌的魅力展現給更多人知道。首先是舉辦單一雜誌的回顧展，我們展出過《Studio Voice》[5]這本日本經典潮流雜誌，並獲得許多當年錯過它的年輕創意人好評。「沒看過就是新的」，所謂創意就是這麼一回事。另外也辦過《The Big Issue 大誌雜誌》中文版[6]百期回顧展、日本旅遊雜誌《Papersky》[7]臺灣特輯的分享座談和回顧展等，未來也希望與海外紙本雜誌有更多的交流。

本地雜誌的部分，我們舉辦過「臺灣地方雜誌展」，與從事地方創生的出版社合作，展出八十本來自臺灣各地的地方雜誌，可以同時看到臺灣每個地方不同的特色。這個展結束之後，陸續移到新竹、臺中、臺南、花蓮、澎湖等地接續展出，日本也有人有興趣來接洽，很高興透過這個方式，讓更多人能夠看到這些地方特色雜誌。

另外，平常也會把同樣主題的雜誌放在一起，也是一種觀看雜誌的方法。我們有不定期的主題雜誌企劃，從「植物」、「經典廚房道具」、「溫泉旅行」、「麵包與咖啡」、「喫茶店」、到「經典老車」、「男人的趣味」、「T恤和牛仔褲」等主題，涉及文化、藝術、設計、到旅遊、美食、收藏各種層面，會搭配相關文字選書或是商品。

---

5 《STUDIO VOICE》日本經典潮流文化雜誌，於一九七六年九月創刊、二〇〇九年休刊，兼具報紙與雜誌特性，以強烈的藝術視角和敏銳的流行洞察力為世人所知。這本雜誌討論議題很廣泛，包括電影、藝術、攝影、時尚、塗鴉、街頭文化和平面設計等。

6 《The Big Issue大誌雜誌》，英國《The Big Issue》的中文街頭報，以社會議題、時事與藝文內容為主。複製英國社會企業模式經營，透過特別的販售通路，提供露宿者自食其力的就業機會，於二〇一〇年四月一日發行中文創刊號。

7 《Papersky》，探索日本獨特自然風光與文化的旅遊雜誌，這本雜誌讚頌「旅行的人生」，內容涵蓋單車、健行旅遊、藝術、旅行裝備與戶外服飾。商店則主打來自日本的工具與服飾，選品風格是輕便、緊湊、簡約且富有啟發性。

除了在店內展出，像這樣一套一套的主題雜誌選書，其實也像是一個商品，可以移動到外部合作單位的場域中進行展示和使用，比方有規劃閱讀空間的飯店旅宿、店家等，boven都可以根據需求來提供選書，目前有潮牌店跟我們有這樣的合作。

傅　「選書人」是我嚮往但是沒有機會從事的工作之一，可以設計主題、挑選喜愛的書跟雜誌推薦給別人，這很像一個有趣的遊戲。

川　雜誌的魅力就在於，主題包羅萬象，透過這些企劃書展，可以從各方面展示雜誌的豐富性及情報力，可以幫助到店家的空間氣氛、或是加強商品的質感。希望boven未來能在這些方面發揮更大的作用，讓大家很多機會翻開這些好雜誌，能親身參與到雜誌的趣味。

傅　「立體雜誌」這個概念，就是把雜誌的精神具體化，讓場域成為一本「立體的雜誌」、「活生生的雜誌」、「可以走進去的雜誌」。現在地下室的雜誌圖書館和一樓的咖啡店，就像雜誌那樣有許多不同欄位，可能同時有攝影展、電影講座、主題選書、以及某個甜點師的快閃在發生，整個空間都在體現雜誌的豐富性，我想這是這個場地和其他地方最大的不同之處，總是可以發現一些新的有趣事物。

川　活動更重要的一點是會帶來人。人與人之間的碰撞交流，也會創造更多的火花，人世間許多機緣，往往都是這樣發生的。

近期有許多日本的雜誌編輯來臺灣採訪時，會來參觀 boven，她們都很驚喜看到自己做的雜誌被好好收藏在臺灣一家店裡。不久前日本知名旅遊雜誌《TRANSIT》[8]編輯團隊來拜訪之後，便當場提出了想法，想要在這裡舉辦一個回顧展和座談。

最近還有一個例子是，有天有個人走進來 boven 參觀，稱讚這個空間非常特別，說沒想到臺北竟然有專門以雜誌為主題的閱讀空間。原本我以為對方是單純來參觀的客人，沒想到他拿出一本雜誌給我看，自我介紹他是這本雜誌的創辦人。那本雜誌叫《OOO》

8《TRANSIT（トランジット）》日本深度旅遊情報雜誌。探索地球上美麗事物、事件和人物的旅行文化雜誌。捕捉各地的風景、生物、人、生活以及記憶。尋找那些即將消失的、永恆不變的、獨特的以及普遍存在的事物，並希望將這些珍貴的事物留存於未來。

（Triple Zero）[9]，這本雜誌專門深入探索保時捷汽車文化，內容涵蓋了保時捷的工藝設計、製作、保時捷的文化和歷史等，這本雜誌非常棒，但以前我並不知道。這次相遇開啟了合作的想法，我們打算舉辦一個展介紹給臺灣的讀者，無論是喜歡雜誌的朋友，還是保時捷的車迷或車主，把雜誌文化和汽車工藝結合在一起。

像這樣的交流都需要有實體的場地、實體的見面才會發生。慢慢的，一個可能會帶來更多可能。透過這些活動，臺灣讀者能夠接觸到更多國外的情報，也讓外國人通過 boven 這個平台，接觸到臺灣的創意人和產業。某種程度而言，boven 像是一個國際創意人交流的基地。

傅　文化交流不應該是沉重的任務，也不是依賴官方舉辦的活動，最好是像這樣，透過人與人的互動自然而然發生，才會建立真正的關係。boven 不僅是一個場地，而是一個平台，各式各樣的可能在這裡發生，不同的人和活動為這個空間持續注入新的靈感、活絡空間的能量，這才是 boven 越來越熱鬧的關鍵所在吧。

品牌限定pop-up store

傳　商品的實體體驗，已經成為現在品牌販售與消費者之間最重要的溝通方式之一。事實上，boven曾經有過很多品牌限定店的活動，讓消費者能夠實際體驗到商品。

川　現在不管賣什麼，企劃力跟創意都非常重要。比如日本家電品牌「象印」、以及經常出現在設計雜誌的精品家電BALMUDA、恆隆行都曾經在boven辦過限定店。與百貨公司的賣場不同，像在boven這樣的空間展示設計感極強的家電產品，可以更強烈地傳遞品牌背後的設計理念與品牌精神，讓消費者感受到其獨特魅力。我們和品牌合作打造體驗型的期間限定店，品牌可以更有效地展示品牌精神，當消費者進入這個空間，就像進入了一本品牌的主題雜誌，可以仔細感受到產品的魅力。

9　《Triple Zero》還記得汽車雜誌曾經那種令人著迷的時刻嗎？當它送達您家門，您知道接下來有數小時的寧靜享受。雜誌創辦人Pete Stout和Alex Palevsky試圖為讀者創造出一種可以替代美好夜晚的閱讀享受。其成果便是《Triple Zero》，一本季度藝術刊物，聚焦於保時捷。這個名稱參照了保時捷的三位數字型號編碼，也象徵著對深入探索保時捷歷史的承諾。

以 BALMUDA 為例，這個品牌的商品在許多知名生活雜誌上曝光，在這裡開設期間限定店，消費者不僅能看到商品在雜誌中的呈現，還能夠在現場直接體驗、觸摸和使用這些商品。另外，限定店裡會設計期間限定餐飲，除了增加收入，也示範了商品的使用方法。我認為這種沉浸式的互動體驗行銷活動，在往後會變得越來越重要。

傅　這些品牌本身的設計非常出色，而 boven 的客群是一群關注這些設計細節的目標客群，除了價格與功能之外，他們更在乎的是品牌故事與設計理念。

川　募資平台的新品分享體驗，也是一個很好的案例。尤其募資平台與 boven 的立體雜誌精神很類似，兩者之間也可以有很強的連結。比如像「嘖嘖」這樣的募資平台，有很多準備進入市場的優質產品，就非常適合先通過體驗活動，來進行推廣與消費者測試。讓產品在量產之前能夠先與潛在消費者進行溝通，提前體驗商品。

傅　boven 的客人是一群追求生活品味、對美有高度意識的群體，對新的事物充滿好奇、心態開放。這樣的顧客群體讓 boven 成為一個非常合適的平台，當產品需要與這些對生活品味有要求的消費者進行溝通時，boven 就是一個很理想的場所。

川　除了上面所說的這些，店內空間辦過的大大小小活動非常多樣，從品牌限定店、電影講座、讀書會到攝影展、插畫家、京都陶藝家個展、甚至有過 AV 女優的粉絲見面會（十分歡樂）。多樣性和開放性，是我希望的方向，boven 本身並沒有設定任何界限，我希望任何人都能在這裡體驗到樂趣，我想這正是立體雜誌的空間策展的最佳示範。

傅　我自己從事藝術創作，但並不喜歡有些人將文化、藝術、閱讀視為高高在上。我認為樂趣沒有高級或低級、主流或非主流、商業或藝術的區別，就像我喜歡李滄東的藝術電影，也喜歡韓國女團 NewJeans 的音樂。任何有趣的事情都會吸引人，我也希望這裡展現一種隨意自在的態度，每個人都可以自由地享受感興趣的東西。

川　即便我是老闆，我的喜好也只是我個人的，絕不會將自己的價值觀強加於 boven 或品牌之上。

boven不是主角，真正的主角是這裡發生的每一個活動、每一位客人、每一本雜誌。活動的參與者才是真正的主體，是他們讓這個空間充滿了活力和可能性。

傅　在行銷上，「目標人群所在之處」一般稱之為「社群」（biotope）[10]。biotope這個詞指的是一群特定生物群落的棲息地，是園藝與環境領域經常使用的語彙，也常常翻譯成「棲地」。我認為用「棲地」、「社群」這個概念來描述boven十分貼切，這裡就像是一些創意人的棲地，共同創造了一個能夠自在來去的場域。

川　這正是我想要實現的願景。雜誌圖書館不是嚴肅的主題書店，而是一本輕鬆有趣的「立體雜誌」，是創意人的棲地和創意的生命場所。相信每一本雜誌、每一本書、每一次活動、每次跟人的互動，都可能帶來一點新的啟發。

川　在這個所有品牌都得努力經營社群媒體對外營造形象的時代，boven可能顯得有點無聊，我們的臉書跟ＩＧ粉絲頁都只是單純的資訊告知，每個月的新進書籍跟店休時間等。這些年boven一直蠻低調，沒有想要用力地去定義我們是誰，或是凸顯老闆個人的喜好。這是我刻意的選擇。

禪學有個說法我很喜歡，「當你什麼都不是，就可以什麼都是」。對於boven的未來，我更傾向於保持開放的態度。boven永遠是在發展中的事業，永遠在成為它「是」或「可能是」的東西。做好自己本業的內容和服務，透過各種連結創造更多的可能性。正因為不去限制自己是什麼，其實就可以做所有的事，別人也會容易想到可以來找我們一起做些什麼。

我想各位讀到現在都很清楚，boven之所以能開十年，並不是有一個富爸爸老闆，或雄厚的資本在支撐，也沒有一份野心勃勃的擴張計畫，而是這些不斷出現的可能性帶著boven往前走。

雖然並非每一步都是正確的，也有很多時候是走一走發現不合適，此路不通，或是阻

---

10 在希臘語中bio指的是「生命」，Tope是「場所」，biotope由兩個詞結合而成。是指一個能夠支撐多種生物共同生活的空間，就像是森林中的池塘或溼地，在這樣的空間中生物集群優遊自在地生活著，提供了適合各種動植物生存的環境，是維持小型生態系統的基本單位。

礙難行而放棄。也有人來過之後，覺得boven並不是他需要的服務，並不是一個適合他的地方。但是這些都不會讓我懷疑自己做的事，因為有更多客人真的需要我們的服務，透過這些客人的回饋與互動，讓我們知道哪裡還可以做得更好。這才是最重要的。

我認為不管是營運一家店、經營一個事業，或是作為一個人的生涯規劃，都可以這樣去思考。期待boven接下來在成為它「是」或「可能是」的旅程不斷開啟更多想像，boven就像一本雜誌，我就像擔任總編輯一樣編輯boven這本雜誌十年，接下來希望它不斷推陳出新，甚至有客座總編輯、或是換總編輯都可以，只要有更多人能透過它發現生活的樂趣。

傳

星象學的說法是，接下來二十年人類將要進入「水瓶時代」，這是一個跟希望及創新有關的時代，各種能量流動將會快速碰撞，看似混亂不安但也充滿生機。這與我對時代的感受近似，大量習以為常的觀念在崩解跟重組，各種新的改變逼使人必須隨浪而上。在這樣的時代要保持生存力，最好的策略就像是boven的核心概念「活得像一本雜誌」，對事物保持開放，保持與人分享的熱情。

川　我不懂占星，不過你所形容的水瓶時代，我很有同感。處於這樣的巨變中，請讓自己成為一個「雜誌人」吧，這也是boven想要提出的生活提案。所謂的「雜誌人」，並不限定於要喜歡看雜誌，而是讓自己活得像一本會定期出刊的雜誌，對快速變化的世界持續充滿好奇。人之所以為人類，就是因為好奇心跟求知慾。

傅　boven的經營模式很獨特，曾經有過競爭對手想要加入這個市場嗎？

川　來到第十年，我印象中boven依然是全世界唯一一家雜誌圖書館，目前還看不到有人在做同樣的事。中間的確有人想做過類似模式的店，比我們更有錢、有資源的公司單位很多，但是像這樣以雜誌為主體的閱讀服務，目前真的還沒有其他人能做，我想最主要是因為目前跟書有關的事情似乎很難賺到錢吧（笑）。

不過，關鍵在於還是有不少現實需要克服，第一，營運這樣一套的服務需要許多不同專業，並非只是開一家書店或咖啡店。我過去長期在第一線門市服務客人，才鍛鍊出許多難以被複製的第一手經驗。第二，雜誌的出版模式不同於書籍，多數雜誌絕版之後市面上通常就找不到了，即便是出版社也沒有多餘的存書可以外流，除非是長期有計畫性的收購，不然很難在短時間內收集到完整的連續期刊做為館藏，這些都是金錢也換不到的開店前提。

現在能夠用讓客人沒有負擔的收費，是因為已經累積了這麼多年，有各種業務模式的收入，不單只有雜誌圖書館空間本體的服務，口碑開始對外滾動後，外部的異業合作邀約也越來越多，各種外部業務不斷在增加，這也是boven最強難以取代的核心。所以boven的服務模式短期內很難被取代。但我其實充滿期待有夥伴可以加入，讓這個服務面向可以走到我能力到不了的地方。

傅 一家店可以開十年，就像要小學畢業一樣，可以確定，這個事業模式是可行的。boven將要邁入第十年，對於未來有什麼規劃？如何期待第二個十年？

川 我常打趣道，boven的會員名單就是一個臺灣最有趣的跨領域創意產業人才資料庫，而且這些人都是正在第一線做事的人。當中有各領域臥虎藏龍的人，透過互相推薦跟介紹，光是做自己會員的生意就做不完了，第一個十年累積的業務與合作，可以繼續再做下一個十年。接下來會努力將boven的商業營運模式（business model）建構得更加完整，在第二個十年，在原本的基礎上，可以繼續拓展更多面向，開發更多可能性，與更多單位一起往前走做有趣的事。

在二〇二三年，boven很榮幸被指標性的英國《MONOCLE》雜誌選為「臺北十大魅力景點」之一。除了來臺北旅遊的觀光客，這些年來也有許多厲害的國際創意大師造訪過boven，譬如日本知名的設計師佐藤卓、深澤直人、新媒體藝術家真鍋大度、KIMIKO、英國《MONOCLE》的編輯團隊等，這些國際頂尖的創意人來到boven都感到很驚艷，說真希望在自己的國家也有這樣的雜誌圖書館。除了很開心受到肯定，也開始思考，像boven這樣的服務，也可能跨出臺灣走到世界各地。我設想未來boven的服務範圍可以不只在臺灣，在一定的創意人口數、人口聚集密度夠高，知識與生活狀態達到一個程度的城市，像是亞洲的日本東京，或者是歐洲的英國倫敦，或許都很適合提供boven這樣的服務。

傅　想像有一天在柏林、京都、沖繩、或是冰島有一家boven，應該會是很棒的事吧。臺灣是一個小島，最珍貴的地方是臺灣人的心態很開放，總是能夠快速接納各種新的想法，boven是一個臺灣原生的閱讀服務模式，希望有一天它不只是made in Taiwan的品牌，而是成為from Taiwan從臺灣開始的品牌。

川　所有來過的人都是打造boven的一部分，是一群對世界、對生命充滿好奇與探索，想要讓生活更美好的人，從臺灣的boven到世界的boven，在boven可以看到來自全世界各地很棒的雜誌，很多有趣的idea匯聚在這樣一個小空間裡，未來有一天如果可以透過boven這個俱樂部，帶我們的會員體驗更多有趣的事，讓活著這件事情更加有趣、更加精彩。

雜誌「再使用」建立永續循環

傅　你從小學在班上出租漫畫開始，就已經知道「共享經濟」的好處（笑）。「共享經濟」在近年成為顯學，深刻影響食衣住行各個層面，我自己也經常使用生活中各種共享服務，共享單車、共享雨傘等等。boven是亞洲第一家以「共享」為核心的雜誌圖書館，可以說很早就開始投入這個領域。

川　我們從小就經常使用的圖書館，是大家最習慣的共享模式，類似公共服務的概念。近年來，政府以及企業都更加注重地球永續議題，不管是Uber或者共享單車，「共享」成為了大家日常生活的最佳選項。當初我在設定服務的模式時，是從我自己對於物品擁有的思考開始，我並不喜歡擁有太多物質的東西，我認為現在人對於「擁有物品」的觀念已經完全轉變。

傳　二十幾歲時，我無法使用二手的東西，喜歡的東西就必須要擁有才放心。隨著年紀增長，對物質的看法也變得不同，現在更會去思考如何避免過度消費，也會刻意選擇對地球環境更友善的生活方式。如果可以不擁有，但需求仍然能被滿足，就是最棒的解決方案。

川　過往工作的經驗讓我發現，很多跟我買雜誌的客人都面臨同樣的困擾——他們需要大量的資料和靈感，但購買這些雜誌書籍最後變得有點負擔，不僅價格昂貴，存放也是問題。那時我就想到，為什麼不借鑑圖書館的模式，設計一套機制將這些雜誌共享出去呢？需求並不一定要等於擁有，那時候「共享」這個觀念還不像現在這麼為人所知，但我就想推出這樣的服務。以「共享閱讀」的模式，讓會員可以用實惠的價格，享受舒適的空間和豐富的雜誌資源。

傅 好的雜誌根本捨不得丟掉，也希望自己擁有的資源分享出去被更多人使用。有一些創意人將自己收藏的雜誌捐贈給boven，導演陳宏一捐了一整套經典的日本創意雜誌《Studio Voice》，裡面充滿九〇年代最前沿的創意，對現在的年輕創意人來說都是全新的靈感來源。我自己也捐了一整套電影期刊《影響電影雜誌》，樂意將它分享給更多人看。

創意在不同的時代背景下，都能再次被重新定義。時尚和流行風潮一直在變，但總是會循環回來。像韓國現在最紅的女團Y2K風格讓人覺得似曾相識，因為是製作人在重新創造年輕時喜歡的風格，但不只是簡單的復古，而是一種全新的呈現。

川　東西要放到有需要的人面前才有價值，透過共享、分享，資源再利用的方式，一方面對環保永續有幫助，更重要的是讓創意得以傳承。創意人將他們的雜誌收藏捐贈出來，透過boven整理及轉化，讓這些創意可以再流動，可能成為新一代創作者的靈感來源。

傳　雜誌本身就是一種捕捉當下潮流的載體，承載著過去和現在的好創意，也像是一個精心整理過的資料庫，裡面的資訊是系統化、條理分明的，在網路上很難找到。這是為何舊雜誌反而能帶來更多靈感。

川　雜誌絕對不只是一次性讀物，許多雜誌即使過了時效性，裡面的內容依然具有參考價值和收藏意義。boven的概念，就是希望讓雜誌能夠在不同人之間循環起來，創造更多價值，並延長它們的生命週期。我們希望可以提供另一種選擇，從「再使用」（reuse）開始，激發生活中更多思考跟改變，進而對環境和社會產生實質的影響。

但我要強調一下，boven可不是二手書店，也不收購舊雜誌，還曾有人打電話來要求我們去幫忙清空間，我們並不是資源回收單位啊（苦笑）。

傅　創新的閱讀共享機制是一個選擇，可以減少因書籍雜誌所產生的碳排放，為地球的永續盡一點力。我看過有一個數據是，每少買一本書就可減少七．四六公斤的二氧化碳排放，當然我要強調，該買的書還是要買，創作者跟出版社生存不下去就無法繼續出書了。

川　人類已經從地球榨取了這麼多資源，現在應該思考如何有效地運用這些資源，讓這些資源得以不斷循環，從而最大化它們的價值。我不只是將boven視為單純的商業模式，更希望透過這個平台展現對永續生活的支持。boven現在協助幾家企業打造辦公室共享閱讀空間，也是企業支持實踐ESG的一部分。透過這樣的資源循環，讓雜誌成為可以共同分享的創意來源，也能讓創意與靈感得以持續流傳，最終達到永續發展的目標。

共享閱讀不僅是一種負責任的消費方式，還能讓資源的運用達到最大效益。這也是boven的價值觀跟品牌理念。

傅　近年來，像「hygge」[11]這樣的北歐風格生活很流行，它代表一種輕鬆、舒適、簡單的生活方式，在疫情之後全世界更加理解其重要性，更懂得去珍惜生活中的小細節。學會從小事中找到滿足和平靜，這個能力跟賺錢一樣重要。我也深信這一點。

11 「hygge」（讀音hoo-gah）是丹麥文，代表溫暖、舒適的意思。hygge是北歐丹麥生活哲學的核心，推崇能在任何環境下都能變得舒適的能力，透過燭光、熱紅酒、羊毛毯、毛襪或與親密親友相聚，丹麥人珍視日常中自然而然的美好，實踐簡單、舒適的生活。作為全世界幸福指數最高的國家，丹麥獨特的「Hygge」生活哲學近年更是風靡全球。

boven

番外篇
失敗是一堂珍貴的課

第五次對談……2024／5／22
人物………………周筵川╳傅天余

失敗源自於目標不明確

川　聊了這麼多，boven的故事如果可以帶給大家一些啟發和靈感的話，我認為應該是，它從單純的個人喜好開始，穩扎穩打的前進，專注於把當下能做好的一切做好，而且思考的並不是自己，而是使用者的需求，以及可以帶給別人什麼樣的服務。

傅　這個故事可以從很多不同的面向來看，當中有一套創意工作的獨特生意經、有關於人性與商業的思索。當然現在我也知道了，這家店從頭到尾都不是一場有錢文青的自娛，而是有各領域的專業者參與一起打造出來的。這也是一個人如何把熱情變成事業的分享，故事裡還有一些關鍵的角色，不少人對文化事業懷有善意，願意支持，讓一個有意義的概念成立。

有一個基本的編劇理論是這麼說的，一個勵志故事，最能打動觀眾的，通常是主角的失敗，而不是主角的成功。

一個故事如果缺少失敗的部分，就不可能是一個有趣的故事。之前我們聊了你的創業過程，聽你如何從一個想法到實現它，在這個有機發展的過程中，是否也遭遇過失敗？

川　失敗的經驗當然有，而且還不少。比如近幾年，我樂於嘗試向外拓展服務，以實體空間提供讀者閱讀的服務，於是有一些單位找上門來，期待也能在自己的場域設置跟boven一樣的閱讀空間，簡而言之，就是希望將boven模式複製到自己的空間，無論是業主自有的空間，或是咖啡店、百貨商場、旅宿等商場空間，真正合作之後才發現一些限制，經常面臨的狀況是，在某一個時間點，雙方的合作便結束了，難以像臺北本館這樣穩定營運下去。

這些失敗的案例，讓我發現並不是每個地方都適合複製boven的服務。這個經驗讓我修正了接下來合作邀約的規劃方式，也更進一步思考適合的服務延伸模式。

傅　各種不同的單位看到boven空間服務的可能性，希望在他們的空間也有boven的服務，所以嘗試將boven的服務模式引進對方的空間，打造像mini boven這樣稍微縮小規模的服務，後來發現有些可行、有些不可行。在不成功的合作之後，你會嘗試去了解為什麼會行不通嗎？關於這方面可以再多分享一點嗎？為什麼會行不通？

川　當中很關鍵的原因是「空間使用的目的性」。

boven一直非常清楚自己的核心價值是什麼，當初在規劃這個空間的時候，也會讓造訪的客人跟會員清楚知道來到這邊的目的是什麼，因此並沒有把餐飲的服務放進空間裡。

一家店遇到營運困難或生意不夠好的時候，就會去想應該要怎麼突破，去找解決辦法。有些經營者可能會想要嘗試加進更多的商品或服務，看看可不可以增加市場與來客數。但是他們的本質、本業一定都跟boven不一樣，加上環境的條件不同，例如空間與軟硬體的氛圍、書籍數量的多寡、雜誌更新的速度、服務人員的專業程度等，在嘗試拓展boven的服務到不同空間時，就不容易做到原本的服務規格，無法吸引消費者買單。要是一個場域空間，不夠清楚自己想要的客群對象或定位，我們加入也幫不上任何忙，無法帶來業主希望的加乘效果，搬再多書過去也沒有用。

我認為最重要的還是要回歸本體，也就是原來的店是做什麼服務？這件事要很清楚，針對本質，找出解決問題的辦法。並不是說不能增加新的服務，而是要明確思考，新的服務是否能夠擴增或扭轉原來的困境，否則通常只會讓兩邊都不成功而已。

傅 可以舉一個具體的例子，說明雙方花了時間，但成果卻不如預期？

川 我曾經合作一家新咖啡店，對方本業是餐飲空間，充滿熱情，對於我們提出來的建議規劃，都很願意投入相對應的資源，空間內也有足夠的書牆，可以規劃舒適閱讀的獨立區域，所有條件看起來都很好很有誠意，可惜合作不過半年的時間，對方的店就結束營業、將書都退回來了。

這個案子為什麼會很快的結束，主要還是因為對方是一個新品牌，在餐飲本業的經驗不足，選擇開店地點時，對於附近的人流、客群則沒有足夠的了解，店雖然開了，空間也砸大錢設計得很漂亮，但是沒有人流、生意不好，本業的餐飲服務收入不足以支撐營運，就算給boven足夠的空間和環境，沒有人使用，一樣無法成功。

許多類似的共享空間來找我們合作時，雖然提出很棒的合作條件跟資源，但我還是會冷靜告訴對方，大家第一眼看到boven的模式覺得很棒，也很想把自己的空間環境打造成能提供這樣的服務，外在條件雖然可以滿足，但若是缺少具備雜誌專業的工作人員駐守管理，可以負責選書挑書或回答客人各種提問，甚至可以像我們一樣組成一個小團隊來執行，那樣是無法完全複製boven本店的完整服務，我們也沒辦法跟他們有長期的合作。

我會建議他們先顧好本業，再思考如何運用我們的服務，依照這個順序去調整作法，又或許可以修正成比較簡單的主題選書服務。如果合作方期待的是boven的服務可以為他吸引更多的客人，我也會根據經驗老實告訴對方，實際上並不會如此，boven是plus上原本的空間，做為替空間加分的條件之一。

傅　沒有成功的經驗並不是毫無價值，至少可以更清楚問題出在那裡，往後可以避免。

川　後來遇到來邀約合作的單位或公司，我都會主動分享boven的經驗，主動告知邀約方這些心得，分析給對方聽，共同討論出最適合彼此的合作模式，或是幫助對方規劃出最佳方案，根據空間條件跟使用需求，建議boven可以用什麼樣的方式出現在這個場域，以及未來執行需要的預算費用等等。經過這樣的討論，能找出更適合彼此的模式，像是單純的租借，或者是用別的形式會比較適合。

總是，一定要很清楚自己擅長的部分是什麼，在這個空間場域想要服務的對象是誰？如此一來，boven才有辦法在原本設定裡增添附加價值。

合作成功的三大前提

傅　對於希望合作的想法，你可以更明確說明要有什麼樣的條件和狀況比較適合嗎？

川　如果真的想要類似雜誌圖書館的功能，首先，空間有足夠大的牆面層架可以擺放夠多數量的雜誌，我認為這是最重要的條件，能夠讓boven在這個場域空間陳列大量雜誌。如果數量太少，其實沒有辦法讓來店的客人感受到boven的氛圍。硬體條件至少要能容納五百冊以上數量，再加上適合閱讀的場域規劃，燈光跟桌椅都必須有一定的考量與搭配。

有些不成功的案例作法，只是把雜誌書籍擺進原來的空間裡，那樣的話，不管數量是幾十本、一兩百本，甚至上千本都一樣，沒有足夠好的使用條件配合，最後就無法吸引人坐下來使用。

現在，在面對合作邀約時，首先會了解對方是否有強烈的雜誌閱讀需求，及習慣從中尋找靈感。像之前提到的新竹「森space」就是一個很成功的案例。「森space」是一個共享辦公室，有獨立的辦公空間跟開放的共享辦公空間，他們很清楚加入boven提供的閱讀服務能幫他們增加不同面向的價值，這樣就可以持續的運作下去。

傅　可以再分享一些成功的合作案例嗎？

川　還有一個合作案，是臺灣知名建設集團辦公室內部的閱讀服務，他們公司規模很大，包括設計部門、建設部門、行銷部門，以及內部教育訓練等，平日對生活潮流有很大的靈感需求，boven會針對各個部門的需求，挑選適合的刊物跟書籍。辦公大樓內既有的公共空間，也有足夠數量的舒適桌椅跟書架，內部還有足夠多的員工想要使用，這個合作的案例就像我說的是plus的概念。

有時候也不是書的數量問題，而是精準。舉之前曾經合作的選品店Rockland P.L.U.S.為例，店家定位很清楚，是戶外運動跟休閒生活主題的咖啡選物店，加上地點很方便，假日人潮多，也有適當的空間規劃提供我們選書，客人對造訪這個空間的目的很清楚，主要是要來喝咖啡或採買戶外裝備選品，我們可以提供相對應主題的刊物，讓空間內能呈現更多面向，呈現的效果就很不錯，雙方可以互相加分。

傅 你自己如何看待這些不成功的案例？在面對不成功的時刻會很受挫嗎？

川 不成功的合作，不僅沒賺到錢，簡直是白忙一場的感覺，書搬來搬去很累人的（笑）。但是這些不成功的經驗也像是一種刪去法，透過不斷失敗、不斷嘗試，才能找出一個能夠讓事情更可能成功的作法。所謂「失敗為成功之母」，就是這樣的道理。

我仍然樂意去嘗試各種合作，因為越早發現有狀況，才能夠快速調整修正下一次的執行方法。我並不會把這樣的機會視為失敗，反而很正向看待這些經驗，原來事情跟當初想的不一樣啊，不管是對我個人或是合作對象，透過不成功來驗證，就會更清楚自己擅長的事情。

現在來尋求合作的單位，不論他們是否清楚來找boven合作的目的，我都會花時間與對方一起分析這些條件，讓他們再思考是不是有必要，預設的服務使用者是誰？若是還不清楚合作目的的單位，我也可以分享之前的經驗跟各種作法，再由他們去思考，釐清自己需要的是哪一種類型的服務，甚至勸退對方不一定需要這個服務。

我希望對方能先釐清，是想要邀請boven來進駐空間？或是將現有的場域加上boven的閱讀服務來增加價值？而且說得很坦誠，boven能夠提供的服務就是成為當中一部分，並不會單純因為boven加入，而讓一家店生意起死回生。有些店家會期待boven加入之後會有加乘效果，或希望用這個作為一個宣傳話題，反而忘記「地點」跟「核心特色」，對於開店來說才是最重要的。一家店若本身沒有特色，並不會因為boven的進駐而突然就有特色了。

在與外部單位合作的嘗試過程中，我一直在尋找的問題跟答案就是「為什麼需要boven？」透過來找我的人，我也逐漸理解出自己的服務模式為何被需要？他們為什麼會想要來找boven？

傅 「適合開店的地點」真的是一個先決條件。像boven位於臺北東區，來看雜誌之外，還可以在附近吃東西、看電影、逛街聚會，周邊有很多不同的機能，可以一次滿足很多事。不是每一個場域地點，都和本店一樣是在臺北市中心人口密集度很高的都會區，交通方便、生活機能便利，是大家容易去到的地方。

川 適合的地點有很多定義，除了鬧區有人流，也可以是一個特別的點。有間合作的店地點在離島澎湖，島上生活的選擇比較少，書店也很少，遊客與當地人缺少閱讀服務和尋找靈感的資訊，我們跟這間經營不錯的在地咖啡店合作，就很可以互相加分，彼此滿足不同面向的需求，產出加乘的效果，那間店因為boven的進駐吸引更多人上門，也算是一個成功的案例。

除了店家，公司行號的B2B合作因為使用目的明確，算是比較容易成功的外部合作案例。除了方才的建設公司辦公室，另外像設計公司「JL Design」、「混合編碼MixCode」等，這些都是在影像設計創意業界很頂尖的公司，boven的雜誌閱讀服務進駐，可以給員工各種嶄新的靈感刺激，就是很成功的案例。

還有一些合作對象都是從開店便持續合作到現在，一直持續使用boven的服務。時間最久的有是幾家髮廊還有設計公司、共享空間等，它們的共同點都是各自都有非常明確的公司定位，很清楚為什麼需要boven。商業品牌的話像「眠豆腐」，很明確想在他們的展示空間，提供來參觀的客人相對應的美好生活主題選書，以增加停留時間。

傅 所以說面對合作邀約，並不是一味地想著可以增加營業額而照單全收。

川 過往主動邀約的合作，因為各不相同的狀況，有的可行、有的不可行失敗了，身為boven的老闆，我也被動地進行了許多思考，讓我越來越清楚各種需求跟目的，對於之後來找boven的人也可以提供反饋，互相幫助彼此更清楚目的，合作成功的機率也會更高。經過這樣的討論與釐清，比較能夠維持長久合作關係。

身為經營者，當然是希望為公司拓展更多業務，但並不是一股腦兒的只想要把東西賣出去。boven不是零售產業，並不是當下說服客人把東西買下來就做完這筆生意，更應該把前面洽談的過程，彼此有什麼樣的合作期待，互相理解得更清楚會比較好，這樣才能有更大的機會達成長久合作，而不是只求成交。

傅 這一點我也很有同感。當我受邀擔任導演時，除了預算條件，搞清楚彼此的期待，往往才是合作愉快的前提。五十萬的預算，客戶若希望要拍出五百萬的效果，這樣的合作就不可能成立。

川 現在我認為要成功合作有三大條件，包括「有創意靈感的需求」、「本業穩固」、「定位明確」。無論是空間場域、或是零售、服務、甚至是品牌，都要很清楚「希望服務對象的輪廓」，否則很容易在過程中，做了比較多與目標無關的嘗試，消耗自己的能量，資金、時間等。大部分的創業者都非常辛苦，沒有那麼多資金和資源可以試錯，在有限資源下，每樣事情都應該要更謹慎。

創業就是不斷嘗試，過程中，如果遇到行不通的狀況，要趕快去思考釐清你想要服務的對象跟消費者是誰？從我之前的工作經驗，到經營boven空間的十年之中，我才越來越清楚那個對象是誰，經營的心情也越來越穩定。雖然外人看不懂我們怎麼活下來，但我自己很清楚，就不會有過多的動搖。

雜誌人性格的團隊夥伴

傅　你的創業過程是從一個人單打獨鬥開始，到現在有個小小精實的團隊，可以聊聊boven的團隊嗎？

川　boven的工作團隊只有五、六個人，我們在設定工作目標的時候，我會以大家一起完成作為規劃方向，而不是交代某件事讓某個人去完成。

儘管每個成員各自有行政事務或店務的輪班分工，平時的工作模式還是以團隊合作為主。雖然事情會很多很忙，但我認為身為老闆就必須親自參與一切大小事，才能夠培養自己多面向的工作能力。所以，團隊最重要的是成員個性，他們願意相互溝通，團隊的默契才會越來越好，我跟她們彼此是夥伴關係，而不是上對下的關係。

傅 你在找boven的團隊成員，最在意夥伴的特質是什麼？你覺得最重要的能力是什麼？是喜歡雜誌嗎？

川 首先，當然是喜歡雜誌，然後願意與人接觸，對於與人交談交往這件事情是感覺自在的，還有就是要喜歡boven這個環境，也認同boven在做的事。因為員工常常需要一個人在現場工作，所以也要有能獨立工作的能力，能夠享受一個人工作。

我認為團隊成員最重要的還是個性，包括在合作或相處上，願意彼此溝通。但這一點並不只是我單純對員工的期待，身為老闆，情緒的穩定跟自我管理能力也需要受到員工的審視。主事者若不穩定，很容易讓員工有情緒波動，這樣也會不斷的影響團隊的默契。

我們現在的夥伴都在一起工作很久了，很穩定，每個人都很願意主動為這個空間、品牌貢獻心力，甚至提出她對於這個空間的想像，可以一起前進，找出更多的可能性。許多店裡的服務與規矩，是由夥伴與同事給予意見而共同完成的，因為她們是第一線接觸客人，因此都知道怎麼樣做會更好。

我們也算是一種服務業，平常在店裡行政事務其實很繁瑣，在日常工作的過程中，會不斷地對各種事進行討論跟修正，譬如說，我們經常要為客人介紹空間、服務內容等，光是介紹的方式都一直持續不斷在修正，希望找到更好的方式。從一開始簡單的文字檔，到現在使用各種電子螢幕等新工具來展示，讓它變得更容易向使用者、消費者說明，這些都是從同事的工作經驗反饋而來，大家會討論怎麼樣做會更好、什麼樣的說明會更清楚，當建議不錯，我就會立刻採用，調整的速度也很快。另外包括社群貼文的版面設計、空間指引、雜誌介紹，這些都是每位同事在工作的過程，一起發現可以做得更好，持續不斷地更新的成果。

傅 我想boven的夥伴本身也都要有雜誌人的性格吧，以目前的多樣化業務內容，雖然有基本固定的工作，同時也會一直不斷有各種合作或是不同的事情發生。

川 很多人都會對在書店工作會有錯誤期待，以為很輕鬆可以看喜歡的書。但其實並不是這樣，每天都會有不同的狀況要應變，工作的內容也很多元，有許多行政事務和份內工作必須完成，這個小時要處理訂書的事情，下一個小時立刻要幫忙活動的安排。之前雜誌圖書館部門的員工有過這樣的情形，對方本來期待是在書店安靜工作，有很多時間可以看自己的書，結果發現完全不是想像那樣而離開了。咖啡部門也遇過員工的個性不合適，對方覺得來咖啡店工作就是要做咖啡餐點，若還要協助活動的話，就沒有辦法調適。這都是個人的選擇，重點就是彼此是適合的那個選項。

傅　一家店呈現出來的整體面貌，是由每一位夥伴展現的態度組成，絕非只是一套設定好的SOP（標準作業程序）。當走進一家店，其實很容易可以感受到這家店裡面的員工，集體呈現出對待客人的態度是否一致。有些店很明顯感受到有熱情的老闆、冷淡的店員在態度上的差異，雖然這在營運上是很難避免的。但是走進boven，可以感受到所有人的態度都是非常一致，並不需要知道誰是老闆或誰是店員。

川　跟客人應對態度和抱持怎樣的關係，其實是很微妙的，但你可以說那是某種boven的核心特質，做法就是透過不斷地觀察示範，也會與團隊互相討論修正。

我會花很多力氣微調大家的「一致性」。雖然同事不多，平常都是各自輪班，但每個人個性還是都不一樣。我幾乎每天都會進公司，當我有看見或發現一些狀況的時候，會立即找同事來討論，告訴對方我看到、感受到的服務過程，可以怎麼樣去做調整會更好，分享完我也會告訴同事，如果是我的話會怎麼做，這樣做的原因是為了要讓客人有什麼感受。

這並不是單純依靠老闆先設定好一個招呼客人的SOP（標準作業程序）就可以做到，而是必須透過不斷的修正找到最合適的方式。我們並沒有一份指導原則要員工照著做，譬如要穿什麼顏色的衣服、要怎麼問候打招呼等，我認為，那樣服務就會變得一板一眼很生硬。

這些都是透過服務過程的次數和案例，不停的累積經驗跟摸索，找到我們各自的一套應對各種狀況的標準。最前提是去思考客人有什麼樣的體驗與感受，其他就是每位同事在經驗值之中，累積各自隨機應變的能力。

傅 關於如何接待客人，你會直接告訴夥伴們他們要怎麼樣做嗎？

川 比方經常會有人路過走進來參觀，只要店員一開口說「這裡是收費空間，進來需要付費」，很多客人就會打退堂鼓被嚇跑了。

後來我們一直修正，調整跟客人打招呼介紹的方法，我們採用一種循序漸進的方式說明，讓客人不會感到壓力。我告訴同事們想像一下，沒有來過這裡的人，走進地下室會感到陌生與不自在是正常的，先歡迎客人進來，讓他們自由參觀，客人如果有需求或好奇，自然會再回來問，接著再告知對方入館的資訊，而不是一股腦一次把所有細節講完，因為對方一時也沒辦法立刻消化。這樣的方式也會比較輕鬆，進來參觀一律歡迎，不適合沒興趣的自然會離開，也節省了很多力氣。現在店員會歡迎對方：「這裡參觀免費，歡迎進來參觀，只要換個拖鞋就好。」

像這些細微的調整，雖然聽起來都是很小的差別，但一家店就是由無數這些微小的細節組成的，必須盡量讓每個人都同步。

傅 你對於boven員工狀態的設定，似乎跟以前在淘兒的時候很像，基本上一定要是喜歡這家店在做的事情。

川　沒錯，一定要喜歡這些客人，要喜歡這個空間，喜歡自己的工作內容，可以感到享受。我們有夥伴也會主動分享自己喜歡的刊物書籍，將自己的閱讀喜好，用她們自己的方式，主動和客人分享有趣的讀物。

傅　接下來會拓展更多業務，你對於團隊夥伴有什麼期許？

川　現在反而是被各種連結推著前進，我也還在學習怎麼適應。很多事情如果老闆自己沒有先經歷過，會不曉得如何跟工作夥伴討論分工，這是我現階段正在經歷的過程，與其說是期許，不如說是我很有信心，會帶著團隊一起前進。

現在的整體工作環境，一個人需要多工，我覺得保持「工作意識」很重要，保持心態的靈活，願意接受各種挑戰。我經常告訴年輕夥伴：「要先學會不怕麻煩，就什麼事都不麻煩了。」保持開放的心態學習，不要去害怕不熟悉不了解的事，對於不理解的事，反而更要有強大的好奇心去挑戰，我希望boven從員工到客人都能擁有這樣的心態。

疫情激發出來的變通方案

傅 疫情這兩年多，對每家實體店家都有很大的影響，甚至有連鎖的倒閉效應，作為一個經營者，你是如何度過當時的困境？是怎麼撐過來的呢？

川 疫情時除了館內收入突然變少之外，還有一些店家單位也暫停借閱的服務，對我們的收入影響真的很大。我能夠做的是盡量減少支出，減少每個月進書數量，再想辦法增加收入。幸好boven還有很多企業會員持續使用我們的服務，即便在家工作仍然有找資料的需求，當時僅有的收入就是來自這些外部B2B的選書。

為了想辦法增加收入，我們也開始推出「雜誌人俱樂部」的借閱服務，當時大家都居家工作，無法來到館內閱讀，所以我們提供會員可以把雜誌借回家。團隊將每個禮拜到貨的新書做成相簿，透過臉書跟IG分享，提供線上選書，客人選好想看的書或雜誌，把清單給我們，我們每個月提供一次免費寄送，他再將雜誌送回，做一個交換選書的服務。一開始嘗試先從服務性質開始，再慢慢升級。待疫情比較趨緩之後，變成是收費制

（使用者付費），推出季繳與年繳的方案。

這個業務是因為疫情而想出來的變通方法，卻有意料不到的收穫。原本我們的客群大多住在北部，有「雜誌人俱樂部」服務之後，意外吸引到很多外縣市、中南部甚至外島、東部的客人，因為疫情的挑戰，讓我們開發出一個新的服務模式。所以，困難也會帶來成長的機會。

傅 疫情最困難的時候，你有想過可能要把boven收起來嗎？

川 完全沒有這個想法，因為我很愛boven，我投入了許多心力與時間，絕對不能因為遇到這樣的狀況就放棄，我從來沒有想過要認輸，因為我可以看見這件事在未來還有很大的可能，有太多有趣的事情等待著發生，完全不覺得眼前的困難就是終點。我把它當成是在培養團隊更強的戰力，盡力解決，就像玩電動遊戲一樣，level要提升，就要學會將自己升級。

傅　疫情期間的資金跟營運壓力，你是如何解決？

川　身為老闆就要想盡辦法維持營運，不管是借錢或是銀行申請貸款或紓困補助，加上有天使夥伴的支持才勉強撐過去。幸好這一切都熬過去了，現在想起來，疫情也是一種殘酷的篩選，每個人都在想盡辦法存活下來，那段過程會讓人更清楚自己想要做的事情是什麼，如果你的目標跟熱情都非常強大，這些困難都只是眼前要解決的問題而已。

疫情趨緩之後直到現在，各種實體活動爆炸性地成長，包括開放式的市集活動、演唱會，各種活動也不停地發生。boven 也感受到這樣子的狀態，租借場地辦活動、分享聚會的單位越來越多，很慶幸自己有咬牙撐過來。

傅　現在的你，會給一些年輕創業者什麼樣的建議或者是意見？

川　說到創業，每個人的性格與條件、資源都不一樣，但是第一，是要確定「我真的喜歡做這件事」。就像之前曾經聊過，辛苦跟痛苦是兩個層次。遇到生意不好，或是工作做起來覺得痛苦的時候，都要回去思考最初創業想要的是什麼？如果做起來很痛苦，就表示你不夠愛創業這件事情，沒有足夠的熱情跟動力去超越永遠不會結束的挑戰。

第二是「做好準備」。可以嘗試把創業計畫，拆解成無數個可以落實的準備工作，然後逐一去完成。比如，我聽過很多人說想要開自己的咖啡店，開咖啡店首先要選擇地點、評估人潮夠不夠多、還有對於烹煮咖啡的專業技術管理、原物料掌握夠不夠熟練，萬一生意太好的時候，是否有團隊可以協助？有沒有找到適合自己的經營模式等。除此之外，心理準備也很重要，遇到一些事不如預期、不順遂，我不會感到挫折，反倒會解讀成這是在提醒自己「是不是還有什麼東西沒準備好？」。做完這些準備，你依然覺得非做不可，滿懷足夠熱情，往後遇到任何問題，就都不是問題了。

take five
顧相璽建築師專訪：場所的力量

第五次對談……2024／6／10
人物………………顧相璽╳周筵川╳傅天余

使用者體驗完整空間的存在

傅 如果不當導演的話，其實我最想成為的是建築師。導演做的事情跟建築師真的很像。導演使用攝影機、燈光、演員、剪接和特效來打造一個虛擬的電影空間，建築師則使用水泥、鐵、木材等材料來構建一個真實的建築空間，無中生有開始打造一個場域，讓很多人可以身處其中，傳達一個想要賦予給他們的感受。此外，導演跟建築師的另一個共同點是，都需要和許多部門的專業人員合作，帶領一群人打造出想像的畫面。

顧 導演著重視覺效果和情感表達，建築師則更需要考慮空間的功能性、安全性等因素。我覺得建築跟電影一樣，使用者或觀眾體驗才是最終真實的存在。

傅 第一次來到boven，我除了很驚喜有人開了間雜誌圖書館之外，當時也很好奇，是誰規劃出這個空間？我的直覺是，打造這個空間的人，肯定不會是三、四十歲的年輕建築師。

顧　為什麼有這種感覺呢？

傅　boven的空間感覺是一個「大人的空間」，乍看沒有強烈的風格，沒有要強烈表達什麼，但又可以感覺這個場所的設計思考很明確，沒有無用或多餘的設計，所使用的材料都很樸素簡單、完全不花俏，空間裡的尺度、動線、書架的設計都很恰到好處，瀰漫著一股獨特的舒適氛圍。第一次見到打造這個空間的建築師本人時，完全符合我的想像，是一位歷練豐富的建築師，但是個性又比想像中更加強烈。

顧　強烈的部分是指什麼呢？（困惑）

傅　一起工作之後的感想吧（笑）。接下來，想要請建築師分享打造空間的思考過程，也是我很好奇的。當初收到boven的委託，你是如何開始構思打造這個空間？

顧　身為建築師，首先必須瞭解我的任務是什麼？對我來說，每一個案子有兩個前提需要了解，一個是空間本身，一個是使用的人或使用單位是誰。我花了許多時間與創辦人聊，試圖理解他打算在這個空間裡面做的事。有這樣一個空間，有這樣的一個人出現了，他在做什麼？他未來想做什麼？身為建築師，這是工作最重要的線索。

傅 能說明一下這裡空間的條件嗎？

顧 首先你要先「看得到」空間。

如果我自己對空間沒有感受力，就沒辦法做出來。空間本身的線索都在空間裡，它有自己「環境的特質」，如果看不到就不存在；再來要思考外來的元素，也是所謂的使用單位、使用者，比如說是要當住家、或是工作室呢？空間的使用目的是什麼？這時就會開始加入「機能的需求」。將空間能夠提供的元素、原本就有的環境特點，加以創意開發出來，這就是建築師的工作。空間本身沒有好或不好，就像有些資質很好的小孩，成長在很差的環境，要是有人能看到他的特長，就能讓他跳脫出來發揮自己的才能。

傅　boven最大的特色是位於封閉的地下室，這樣的條件你看見了什麼？

顧　位於地下室就是這個空間的條件，必須走一段樓梯下去也是條件，無對外窗也是條件。沒有好或不好，就只是一個先天條件。再來就是研究空間的形狀，這也是先天條件。

除了形狀，還有一些無法改變的事實，比如某處有一個電門、有一個逃生門，也要把這些條件列入設計構想裡。如何把這些條件做最好的歸納、安排、規劃，與使用者的功能需求結合在一起。不只是結合，還要讓它們發揮最好的關係。至於怎麼做，每個建築師都有自己的筆觸，就像寫書法一樣，王羲之寫的跟八大山人寫的字，肯定不一樣。

傅　通常地下室密閉空間會給人壓迫感，但boven是一個既私密又爽朗的空間，即便身處地下室，卻沒有閉塞或封閉的感受，可以安穩待上一整天，而且這裡空氣清新、視覺通透，燈光也很舒服，還有它的動線，起身拿書、找位子坐下，都不會有干擾到人的感覺。

顧　從空間本身的條件出發，我運用了幾個手法。

雜誌圖書館位在地下室，從外面無法看見全貌，在設計規劃時，我使用陶淵明《桃花源記》的概念，用設計手法製造一個又一個空間的懸念。首先，路面低調的入口玻璃門給人幾分神祕感，讀者打開門，得先往下走一段樓梯進入地下室，然後左轉進入空間才會發現櫃臺入口，經過櫃檯右轉之後再往裡走，才終於看到圖書館內部空間的完整面貌。

透過動線設計的引導，我刻意讓使用者進入場域的過程，視線會先縮小，經過轉折一層層放大，來創造視覺上豁然開朗的感覺。進入boven的體感，就像是走入一座桃花源，讓人發現原來裡面別有洞天。空間跟人一樣，要是一眼看完，就不有趣了。我想要創造這樣的空間趣味。

傅 原來整體動線是來自《桃花源》這樣的思考。

顧 地下室的天花板比較低，我必須讓它感覺沒那麼壓迫，因此在天花板使用黑色，這樣的處理，是為了讓人不要清楚意識到它的存在。還有不要使用太多牆面阻隔，讓空間有通透性，視覺所及都可以穿越，各種想像都可以無限延伸。顏色也是一種視覺引導，櫃檯後面的牆，我特別漆成存在感強烈的橘紅色，目的是創造視覺延伸，人的視覺會很自然地被引導往那邊去，製造戲劇性，讓空間不會那麼單調。

除了視覺，再來是嗅覺，如何讓空間不會有密閉空間的感覺，這就要仰賴專業設備。我特地安裝一組科技換氣設備，可以快速除去不好的氣味，不斷將新鮮空氣抽取進來送到每個角落。

五感體驗的設計思考

傅 原來我感受到的舒服，一一拆解之後，都是建築師縝密思考過的設計。

顧 這些建築的思考來自生活經驗，包含視覺、聽覺、感覺、溫度、氣味等五官敏銳感受，這些都是建築設計思考的範圍內。

有些感覺講起來很微妙，比如，有的空間一進去就會看到通往廁所的門，對我來說，那樣在視覺上不太舒服，於是我使用一個中性的空間，設計了一條走道，把廁所門藏在裡面，客人要走進去這個走道才會看到廁所。當然這些都是思考過的設計。

川　顧老師是很有經驗的建築師，他的個性很嚴肅，剛開始溝通時，他總是毫不留情的不斷質問「你需要什麼？」、「為什麼需要這個？」他會不斷觀察，然後跟我一起找到最好的解法。他也不停地思考如何去滿足使用者的需求，而不是自己個人的喜好。

顧　什麼是舒服？什麼是讓人感到舒服的空間？有一個部分來自建築師的專業。我們建築師都知道有一本寶典工具書，書裡都是經過數據累積的規劃經驗，人在一個空間的使用範圍，例如洗手間大小、走道的動線、空間的距離，其實都有一些基礎的設定法則，但那只是理論，還是要從需求以及現場情況去拿捏。

傅　在不大的空間裡，上廁所不會被感知到或是干擾到別人，的確是微妙但重要的設計。

顧　除了動線、嗅覺，因為這裡是閱讀的場所，有人講話、脱鞋的腳步聲都會產生干擾，我也會思考如何使用吸音材質控制聲音。我在書架背後大量使用「甘蔗板」[12]作為吸音板，它是多孔隙的木頭，聲音比較不會反彈。另外，木頭書架也是選擇使用多孔隙的材料，具有一定的吸音效果。這樣的空間要是選擇鏡子、玻璃、鐵板這些硬的材料，室內聲音就會很容易反射。

其實我使用的材料都不是特別昂貴或刁鑽，我喜歡實話實說的東西，什麼樣的物件就會呈現什麼樣的材質，就像什麼樣的人就說什麼樣的話，單純地表現出自己的特性。

傅　boven並不是豪華的空間，但它有處處精妙的設計，讓人跟人間的距離能溫暖在一起、但互不干擾，這些都是要透過建築師的設計安排。

顧　我是一個對於人與人的距離很敏感的人，我會找到一種方式處理好，盡量不互相干擾。

---

12 甘蔗板：一種具有吸音效果的環保建材，常用於室內裝潢。

種樹創造出另一片風景

傅　剛剛我們討論boven的規劃採用《桃花源》概念。boven好像也是東區有最多樹的一個空間，你是一個非常喜歡植物的人，擅長使用植物去創造風景和空間環境。

顧　那些樹都是我種的。從地下室走上來，會先看到外面門口那顆樹。臺北巷弄的鐵窗、亂停車，環境真的很不好看，雜誌圖書館位於地下室，使用者離開時爬樓梯朝上走，迎面就是外面醜陋的街景或對面的房子，視覺上很粗暴。於是我利用設計手法，把視覺盡量往外延伸，在入口處種一棵樹，當使用者從地下室走上來，從比較幽暗的室內上到明亮的室外時，先看到一片綠意，就會覺得舒服，感官可以有自然而然的轉換餘裕。

傅　當時聽到你的提案，我暗自覺得，建築師果然都是安靜的控制狂，不僅要控制使用者的感受如何展開，也要控制使用者的感受如何結束。

顧　設計是解決問題的方法。有些人的方法是把醜的全部遮起來、眼不見為淨，就像有些漂亮的豪宅在兩邊蓋起高高的牆，讓住戶不要看到旁邊醜的東西。我覺得這種手法很粗暴，強調我跟別人長不一樣，跟環境完全沒有關係。我寧可把覺得醜的東西想辦法變成一幀風景。我想透過種樹去創造一個風景，堅持種柳樹，是想取其搖曳流動，疏影掩映的效果，存在這個環境裡不突兀。

傅　透過創意與創造，而不是強制抹除，一方面達成建築師的美感目的，同時也讓巷弄多了一抹風景，自然而然融入原本的街景。柳樹的線條充滿流動性，天氣好的時候陽光灑落，光影搖曳很漂亮。

顧　種樹也是有技巧的，園藝師在種的時候，我必須要跟他講，要再偏一點，再偏一點，然後斜一點點，一邊觀察樹的線條和位置，還有樹的姿態。

傅　我比較好奇的是，這些創意也是來自建築的專業訓練嗎？

顧　專業有兩個部分，一部分可以教、可以學，一部分沒辦法教，沒辦法學。所有大學院校都在教建築、教設計，實際到了施工現場，管線水電要怎麼弄，那些技術上的東西與專業有關，但有些東西跟專業沒有關係，那是sense，可以教可以學的是技術知識，不能教不能學的就是創意。

建築系在上課的時候會教所謂的黃金比例，但真實的情況是，要把所謂的美用某種規則規律簡化制約而成數字，根本不可能！端看如何創造出一個自己的脈絡。

傳　聽完建築師的解說，我有種恍然大悟的感覺。過程中難道沒有雙方意見不同的時候嗎？

川　建築師了解我的想法之後，會清楚告訴我他想要看見的畫面，那會讓我也很想看見他形容的那個畫面。而且他對細節的要求很嚴格。樓梯兩邊照明燈上面的罩子有四顆螺絲，有天建築師走過去看到當中一顆螺絲沒鎖好凸出來，立刻停下腳步，指著當中一顆跟師傅說，「這個不對，不應該是凸出來的。」

傅　我覺得書店的燈光十分重要，太暗或太亮都會讓使用者無法有舒服的體驗。這裡的燈光設定給人的感覺是溫暖明亮，既放鬆又不會太放鬆。請問建築師是如何設定燈光呢？

顧　一切還是來自於場所的需求，要徹底了解，這個空間需要什麼樣的燈光。

川　當時我提出的燈光需求，第一是客人看雜誌要看得清楚，並且不會反光；第二要讓書架上展示的雜誌顯得有吸引力，要有亮點聚焦的效果，讓封面比較明顯。第三我預想這裡會辦許多活動，需要能夠靈活變化的光源，可以根據現場狀況做調整。

顧　根據這些需求，在光線的安排上採用比較溫暖的鹵素燈[13]，除了固定位置的燈之外，還有軌道燈與投射燈，有的是普遍性的照明，有的是集中性照明，每盞燈慢慢調整找到最合適的角度，讓客人翻閱時燈光可以照到雜誌，但不會照射到頭頂。

13 鹵素燈：一種色溫偏暖的燈光，常用於營造溫馨舒適的氛圍。

燈光也是製造環境氛圍的工具。我們的眼睛跟光線事實上不斷在交互作用，哪個地方亮，視覺就會被吸引過去。走下來的樓梯走道我設計成比較暗，空間內的亮度逐漸提高，讓瞳孔可以舒服地放大進入這個場所。

當初設定的時候，希望這裡像是一個「會員俱樂部」的氣氛，整體空間太亮的話會一覽無遺，完全沒有想像空間，因此必須在某些地方做出明暗的差別。並且還要思考色溫與照射範圍，是要讓人覺得很熱鬧呢？還是很安穩放鬆？要抓到這種微妙的差別，需要在實際操作經驗中多累積經驗，才能夠掌握什麼樣的空間，適合什麼樣的照明。

傅　店內特別訂製的書架是建築師獨特的設計，兩位是如何溝通討論的呢？

川　空間裡必須有足夠多的書架，但市面上不管書架或是櫃體的設計，並不適合擺放大量雜誌，書體很容易變形。

我有先仔細說明，雜誌書架跟平常的書架不一樣的需求。第一是雜誌比較重，書架必須要能承載更大的重量。第二是比起書本，雜誌有更多封面展示的需求，展示位置不能做固定，才可以隨著主題靈活調動。這些都是我長期在現場工作累積的使用心得，我跟建築師討論之後，他馬上就有很多想法。

傅　業主非常清楚雜誌書架需要的機能，再透過建築師的專業，將需求轉化成實體的設計。

川　我們都是先進行紙上溝通，包括雜誌的尺寸大概是多少、平擺傾斜的角度多少最適合等等，建築師先做初步的規劃設計，然後請師傅做出樣本，比對看看尺寸大小、比例角度，確定這樣好不好用、好不好看。

處處藏有工匠們的細膩手藝

顧　設計最重要的，是實際上要好用耐用，另一方面也與製作的可行性有關。

書架看起來雖是簡單的設計，陳列的方式是我獨創的設計。我在書架層板中央挖一條溝槽，放上一塊一塊可以自由挪動的鋁板用來展示雜誌，角度也是最適宜陳列拿取的角度。書架鋁板的製作幾乎是工藝品的概念，要用一塊鋁板凹折成特殊角度和形狀，工序很麻煩之外，需要特別的技術細節，包括密合度、角度差異、邊緣磨製等。多虧我有一位技術高超的鐵工老師傅，他年輕的時候在日本學車床技術，才能完美做出來。

川　開店之後，經常有客人想要把這個展示板買回家，有一位電影美術拜託我們賣他一些，想把工作時需要參考的雜誌陳列出來。

傅　為了找到最理想的設計，在討論的過程中有來回修改很多次嗎？

顧　那是一定的，幾乎是絞盡腦汁。我喜歡挑戰一件事情越簡單越好。兩個方法才能夠達到的，會想最好用一種方式就能解決，那才是厲害之處。如何讓事物變得簡單，由繁而簡，需要經過設計思考，而且涉及許多專業，還有需要經驗。我會跟實際製作的師傅一起想辦法，用他們的經驗去推敲怎麼把我的構想做出來。師傅常抱怨我老是給他們考試、找難題，但是內心又想不能被我考倒，想盡辦法做出來之後就會很得意。

比如書架那條溝槽，底下有一小段突出物，尾部有壓力會偏移，如果只有一個書檔點的話本身就會轉動，所以底下一定要有那個東西，放在溝槽的吻合點裡就會卡住了。這條溝槽除了可以移動書檔以外，還讓書檔不要轉動。

傅 記得我第一次來的時候，走樓梯的時候，手一握上去那個把手，手感就是非常不一樣。

川 老派師父們高標準的自我要求，讓我印象深刻，boven的空間裡處處藏有這些工匠們專業而細膩的手藝。鐵匠師父一再打磨樓梯的扶手邊緣，酷酷地說這樣手感摸起來才舒服。我記得師傅做好之後很自信地說，他做的東西好了就是好了，不需要再回來看，「一輩子不用維修，就是最好的維修」。

顧 有這樣一幫鐵工、木工、板模師父真的是身為建築師的運氣，能夠一起完成作品，每次從這個角度想，我都會覺得很感恩！

傅 這跟導演的工作很像！導演負責想像，但要有許多專業的人才能把畫面拍出來。要彼此有默契、願意一起嘗試，一起去達成導演的想像，這個過程是創作最過癮的地方，雖然一定是痛苦的，過程經常是互相折磨、互相挑戰。

川 這個空間有許多職人的心血、巧思與自信，boven很榮幸可以保留這些美好的技藝。

傅 建築師還親自為一樓的咖啡部門設計家具。我印象很深是當中有一組沙發，在設計的時候，你考慮的是客人在這個空間裡呈現什麼樣的姿態。你說希望客人坐在這個空間裡，能自然形成優雅的姿態。一個建築師的魔法包括空間裡的人呈現什麼樣的姿態嗎？

顧 每一個設計背後都是一種選擇，甚至決定了什麼樣的人會來使用空間，而不會造成店家的困擾。我的思考是，如果不想要看到客人癱軟在沙發上打瞌睡，你設計的家具就不要讓他們會出現這些姿勢。

要如何讓空間被正確使用，並不是單純只講設計，而要不斷回到經營和空間的目的。

如果不想要一群客人喧鬧，那麼空間配置、桌椅、甚至提供的食物，就不要是那種設定，不要賣啤酒、炸薯條。先設定好，就不會產生干擾，透過設計先排除這樣的危險。我認為一家店不應該嘗試滿足所有人、想賺所有人的錢，重點是要釐清，想給人什麼樣的印象或是服務？預計來的客群是誰？一切都要預先想清楚。

川　過程中，建築師提出最多質疑的一句話就是：「你是想要？還是需要？」剛開始我有一種被靈魂拷問的感覺，甚至懷疑是在被質疑「你有那麼多錢嗎？」後來才瞭解，建築師並沒有挑戰的意思，只是要確實理解為什麼需要做這個設計。

顧　空間、預算都有它的限制，不可能滿足所有需求。不斷去探問為什麼，就是一直不斷釐清最需要的是什麼？這個設計是真的需要嗎？明明不需要的東西為什麼還要做？那就是多餘的。

川　記得招牌也討論很久，我們一直在想應該怎麼做，後來建築師提出說，招牌應該是整體建築的一部分，要從整體去思考做招牌的目的，而不單只是想招牌要掛在哪裡、多大或多亮。最後建築師自己動手畫設計圖，用清水模[14]蓋了一座。

傅 我覺得建築師應該是很討厭招牌會破壞整體感，所以用他的方式讓招牌消失（笑）。

顧 請問為什麼需要一塊招牌呢？我討厭花俏無用的設計。許多商業空間的設計都過於囉唆，簡單才是最不簡單的。

川 我很訝異的是，本來以為會先拿到一張3D設計圖，但建築師的工作方法非常有趣，許多時候都是用手繪的，跟師傅在溝通討論的時候邊做邊改。他不會放棄任何一個可以更好的機會，看到空間有新的可能、新的線索，都會想要去試試看，哪怕需要要打掉重來都沒關係。身為業主當然會擔心時間跟預算，但是他讓我更想看見嘗試後的結果。

顧 看到有比現在更好的可能性，如果可以更好，為什麼不努力看看呢？

傅　未來你有想要嘗試挑戰的題目嗎？

顧　我對於宗教建築一直很感興趣，另外也特別對於「廢墟」深感興趣。廢墟有時間、有故事、有歷史，曾經有人在裡面生活過、發生事件使用過，然後留下一些東西，時間留下的痕跡比如褪色、變形，那是上帝的力量，這些都讓廢墟變得非常具有力量，總想去思考要如何把它延續下去，或給它一個重新改造的新生命。

傅　雜誌要是沒有人看，也只能成為廢棄物。某種意義上，boven也是透過一個創意形式以及建築師精心打造的空間，為這些雜誌打造可以延續跟創造的場所。瞭解到建築師是如何進行設計的思考之後，我發現最重要的是，要深刻理解場所的目的。

顧　當我完成一個空間交給屋主，任務完成，接下來就是使用者的事了，我尊重一切使用者

---

14 清水模：一種建築工法，以混凝土澆灌而成，表面不做任何修飾，呈現出質樸的質感。

的感受。就像電影拍完，接下來就交給觀眾去各自體會。以前唸書的時候我經常看到書上寫說法蘭克・洛伊・萊特（Frank Wright）的落水山莊（Fallingwater）[15]蓋得多好，等實際走進去之後，根本就不再需要任何解說，就能感受得到好的地方在哪裡，這就是「場所的力量」。我認為，boven也是一個有力量的場所。

傅 的確，藝術創作並不需要用理性去分析，只要願意走進來身在其中，體會場所的力量。

川 建築師嚴格的提問，帶領我們一起打造出理想的雜誌圖書館。有空間、有雜誌、最重要的是有人走進來，才會是一個充滿靈感的場所。是這些，一起完成了boven。

15 落水山莊：一九三四年由美國建築大師法蘭克・洛伊・萊特所設計，以與自然環境融合的設計風格著稱。《時代》雜誌稱頌是「萊特最美的傑作」。

take six
創意人分享

小器生活創意總監｜江明玉

雜誌始終在我的人生裡

最早接觸雜誌是在國小的時候，源自於阿嬤的影響。我阿嬤喜歡閱讀，會固定訂閱日文雜誌，像是《小說新潮》、《オール読物》等，還有一本中文雜誌《讀者文摘》。晚上我總是跟阿嬤一起睡，她在睡前有閱讀的習慣，看不懂日文的我，那時候就是撿著阿嬤讀完的《讀者文摘》看著入睡。

國中的時候，我會存零用錢買日本偶像雜誌，收集偶像最新資訊，也豐富了我對日本流行文化的認識。五專時陪朋友去日系餐廳面試服務生，店長聽到一個未滿十六歲的學生，居然在不算太普及的《日本文摘》內讀過餐廳的報導，感到很驚訝，或許認為我是個上進的人，最後一起錄取了我和朋友（笑）。

進入社會後，一直運用日文工作，也一直喜歡著日本流行文化，在網路上看到旅居海外的日本人分享海運訂購日雜的方法，如法炮製訂閱著包括《流行通信》、《Studio Voice》、《Olive》等流行雜誌。當時台灣非常難取得，對於這種「產地直送」的方式，覺得特別新鮮。

對日雜的熱愛，甚至讓我在部落格寫起介紹的專欄，介紹日雜創刊緣起、創辦人背景、編輯長介紹等。當時人生宏願，就是想要寫一本專門介紹日本雜誌的書，因而非常投入。

二〇〇一年，被外派到日本，在當地實際生活後，關注內容從流行文化轉移到生活風格，最喜歡一本由插畫家大橋步所創刊的《Arne》雜誌。這本獨立製作的小冊子，從拍攝、採訪到編輯都由大橋步一手包辦，小小的一本，卻能訪問到如村上春樹、柳宗理等重量級人物。這種小眾但精彩的刊物形式，非常迷人，剛好也與我在日本生活的情境有所重疊，可以說是指引我如何在日本好好生活的聖經（笑）。

閱讀生活風格雜誌，開啟了我對如何生活這件事情的關注，後來因緣際會到陶藝家小野哲平先生在高知山中的家拜訪，看到了與都會生活截然不同的生活方式，讓我對器皿在生活中扮演的角色有了新的認識：可以用心在日常的每一個角落，就是好好過生活的一種體現。這些經歷，都與我後來開了「小器」有所連結。感覺如果擁有這些生活道具，好像就能實現雜誌裡那般的理想生活了。

回顧這段經歷，雜誌像是一扇窗口，讓我從小看見外面的世界，也引導我一步步走向現在的人生方向。這些累積的閱讀經驗和生活觀察，最終都轉化成了工作跟生活當中的養分。所以有boven這樣的地方，真是太好了。

請推薦一本喜歡的雜誌

我非常喜歡《日日》這本生活雜誌，這本雜誌是由四個女性好友所共同創作，分別扮演編輯、撰稿、料理等不同角色，內容十分貼近我所嚮往的生活型態。「日日」的理念與「小器」的經營理念有很大的契合度，加上當時台灣還沒有類似這樣的雜誌，於是我產生了將這本雜誌中文化的想法，很高興做了這件事，就像是實現一個心願。

日雜對我的幫助，目前還是在情報收集層面。我特別想提一本叫《青花》的刊物，定位比較接近季刊，內容涵蓋生活工藝，還有一些偏向日本古董器物的主題，知識含量和文化教養層面程度很高。這本刊物對我來說有種特別的意義：它的內容經常超出我的理解程度，像是設下一道門檻，我把它放在手邊，期待自己有一天能夠提升到足以完全吸收和理解它的內容。厲害的雜誌是一個讓我持續進步的目標和動力。

平面設計｜李堸雯…………啟發五感的紙本書魅力

我是自由接案的平面設計師，也擔任《秋刀魚》雜誌的平面設計總監。當初來到boven，是因為有朋友在那裡工作，我去探班，結果發現這個特別的地方，像個秘境。我很好奇，怎麼會有人開了一間雜誌圖書館！後來，我經常來工作或開會，在這裡並不會感覺自己是在一個嚴肅的圖書館，更像是在花園或農場裡，可以很輕鬆地「採集」靈感。

許多人覺得設計師來到boven這樣的地方，肯定是為了找排版或資料參考，但我並非想找直接的視覺靈感，更多是去體驗觸覺和感官的刺激。創作的過程很複雜，並非單純參考或模仿別人的作品就可以，而是一種收集、思考、消化的有機過程。我喜歡慢慢翻閱書架上的雜誌，觸覺對我來說很重要，我需要摸到紙張，感受它們的重量跟質感。雜誌也會有一種特別的油墨味，特別是老的雜誌，我非常喜歡那個味道。

雜誌對我來說不僅僅是時效性的產物，老雜誌反而更能讓人感受到當時的時代精神和設計風格，這些都能激發更多靈感。boven的環境、光線和設計都很特別，它讓人放鬆，也讓我可以打開感官，而這種感受在其它書店是無法找到的。

很多人會說現在大家都不看紙本，但我不這麼認為。我認為人還是需要觸摸實體的書本，它的質感、溫度，都是電子書無法取代。實體書就像一個人，手機上的照片和面對面的感覺是完全不同的。比方看漫畫時，漫畫家經常使用跨頁來表達完整的情感和畫面，電子書因為載體的限制，只能單頁顯示，如果想要有跨頁設計或兩頁一起呈現出來的效果，就無法在電子書上面展現，創作的氣勢跟美感也就被打折扣了。對設計師來說，紙本的獨特性在於它允許我們自由地設計跨頁、拉頁，讓整體設計更有連續性和完整性。

請推薦一本喜歡的雜誌

每本雜誌就像一扇窗子，讓我看到不同的風景。我最近特別喜歡一本日本獨立雜誌《家族》。「家族」在日文中是「家庭」的意思，每期雜誌一年採訪一個家庭，記錄這個家庭一整年的生活。編輯長中村曉野的理念打動了我，她透過家庭這個最小的社會單位來思考整個世界的問題。《家族》這本雜誌的設計非常樸實，沒有過度裝飾，從封面到攝影到內文都傳遞出一種「剛好」的氛圍，這是我非常欣賞的設計。這也提醒我，在做設計的時候，不要一味追求譁眾取寵的效果，而是要保持自己的風格和初心。我覺得這是做設計師非常重要的一點。boven對我來說，不僅僅是一個找靈感的地方，更是一個提醒自己保持初心的地方。

還有一本叫《Tsuru & Hana》的日本雜誌也讓我印象深刻，這本雜誌以「請教人生的前輩」作為主題，關注年長者如何過時尚而有態度的生活，非常有趣。臺灣即將進入超高齡社會，肯定也需要這樣的雜誌，未來的老人族群可是跟過去的銀髮族大不相同了，外國雜誌就是最好的探照鏡。

跨國銀行主管、企管顧問｜朱敏杰……磨練商業嗅覺與質感生活指南

我曾經在跨國銀行擔任主管，後來轉型為企業管理顧問，主要負責企業發展和組織管理，工作上需要具備良好溝通能力和領導技巧，也經常要處理企業內部的協調和管理，因此不僅需要掌握商業經營相關資訊，還要了解與人有關的軟性議題，以更好地與人交流。

為了滿足工作需求，我關注的資訊大多與企業管理、商業有關，平時就會看與工作相關的刊物，例如《商業周刊》、《管理雜誌》、《EMBA雜誌》等，大約在七、八年前，我在媒體上得知臺北有一間非常特別的雜誌圖書館，決定來一探究竟。這個地方帶點神秘感，空間非

常舒適，裡面有豐富的外文雜誌，許多是我在國外唸書時就接觸過的。

很多人一提到「商業」，就會直接聯想到金錢，然而，我認為商業的本質是關注人們的需求和興趣，而商業策略的目標，在於理解人們想要把將錢花在哪裡。雜誌可以提供許多全球各地新創事業、最新生活趨勢報導，這些內容非常具有啟發性。我能了解各地城市最新動態、年輕消費者熱衷的事物等等，這些內容讓我在進行各種商業決策時，能夠思考更多元的選項，並激發許多新想法。

我會廣泛涉獵各種領域的雜誌，尤其是一些與私人興趣相關的刊物，比如電影跟旅遊雜誌，這些是我在工作以外不可少的放鬆。我認為「成功」的定義，不僅是賺更多錢，而是如何在有限的時間裡，享受生活的每一個細節。很多商業雜誌專注於數字和財富的增長，但我更想關注如何體驗這個世界，從中獲得快樂和滿足。雜誌讓我看見，真正的生活品質不僅來自於物質上的豐裕，更來自於生活中的每一個選擇。

請推薦一本喜歡的雜誌

英國商業雜誌《MONOCLE》在我心中有特殊的地位。它不僅僅是一本商業雜誌，更是一本關於如何過有質感生活的指南。

與傳統的商業雜誌不同，《MONOCLE》涵蓋許多生活方式和文化創意的內容，將商業、藝術和文化巧妙地結合在一起，從全球視角報導最新的趨勢，它報導的內容，從創新企業到城市規劃、從商業模式到文化潮流，這對於企業經營和未來的策略制定非常重要，能讓我在工作上找到新靈感和方向。

我欣賞《MONOCLE》的另一個原因，是它會介紹全球生活品質最高的城市，深入探討這些城市的生活條件，例如人口密度、犯罪率、交通狀況、公共設施等，而不僅僅是關注財富或生產力。通過閱讀《MONOCLE》，我在旅行和生活方式的選擇上有更多的靈感和想法。例如，當我計劃一次旅行時，我不會只關注那些傳統的旅遊景點，而是會根據《MONOCLE》提供的建議，探索當地的文化創意或特色店鋪，讓我的旅行體驗變得更加豐富有趣。

這本雜誌的讀者群主要是高端商務人士，以及追求高質感生活的讀者。我經常推薦這本雜誌給年輕的工作者，尤其是那些剛踏入職場的年輕人。這本雜誌能幫助他們拓展視野。我認為，《MONOCLE》傳達了一個重要的理念，即在金錢之外，如何過上有質感的生活。它讓我在快節奏的工作中，依然保持對生活的熱情和追求。

電影導演—傅天余

創意靈感的私房能量點

在日本，關於「能量點」（エネルギースポット，Energy Spot）的概念常與靈性場所或具有特殊自然力量的地方相關。這些「能量點」通常指的是人們認為擁有特別能量或氣場的地點，許多日本人相信，在這些地方可以感受到大自然或神祕力量，從而獲得心靈的治癒或提升。

雜誌圖書館是我工作與生活的「能量點」之一。

當缺少靈感時，會想辦法轉換思緒或是讓頭腦清醒，我喜歡去散步，盡量不帶手機或聽音樂，在雜誌圖書館瀏覽雜誌，也像是散步的感覺。雜誌的資訊有一個特點，它跳脫一般書店所設定的分類脈絡，因此更容易與各種有趣的點子或畫面不期而遇，能幫助顯化與刺激某個想法。這是我的一個工作小訣竅。

那裡的氣氛很平穩又輕鬆，周遭使用者也都是氣質相近的人，可以說是一個很棒的能量場，光是坐在裡面就會自動湧上很多靈感。資訊龐雜的時代，每個人一天所知道的訊息比起古代人一輩子所知道的還要多，平日生活也需要源源不絕的腦力輸出，每個創意工作者都該建立一份自己專屬的創意能量點名單，一些能輕鬆從中提取靈感能量的地方，這就跟私房美食清單一樣重要。

因此，當我擔任創意總監為boven cafe設定一個概念時，腦袋中自然冒出了「靈感的場所」這幾個字。在日文中這幾個字看來像是充滿幽靈之類的地方，從這個角度看，這裡確實是充滿品味、趣味與各種奇思妙想的幽靈沒錯（笑）。

請推薦一本喜歡的雜誌

我喜歡的雜誌很多，其中一本是服裝品牌優衣庫（UNIQLO）推出的品牌雜誌《Life Wear》。

大家都知道優衣庫是一個普及的居家服品牌，我自己也是他們的忠實愛好者。幾年前，他們開始每年發行兩期品牌雜誌。更加讓人驚艷的是，優衣庫邀來日本知名的雜誌總編輯木下孝浩先生來主導這本雜誌。木下先生曾長期擔任日本潮流雜誌《POPEYE》的總編輯，首先便引起我的期待。果然，儘管這本雜誌是免費放在店鋪中供人取閱，每一期的製作質感跟內容豐富度都非常出色。

雜誌中會邀請世界各地的創意工作者展示每季商品，我喜歡當中展現的真實生活氣味，每個人都是活生生、十分具有個性，我曾經拿來作為工作時給予演員造型的參考。

在普遍認為紙本雜誌退燒、行銷手法紛紛轉向社群媒體的時代，優衣庫卻反其道而行創辦自己的品牌雜誌。這個做法很具個性，聰明地使用「雜誌」這個概念，持續不斷地透過各種主題，向消費者傳遞品牌的核心價值。看似緩慢低調，卻能給消費者留下更深刻的印象。優衣庫在臺北開設旗艦店時，我們榮幸受邀合作，我也趁機深入了解品牌十分重視與在地文化的連結。無論是一個人或一個品牌，要持續擴大魅力，都該具備這樣開放自由的雜誌精神吧。

軟體工程師｜堯柏儒……理工人的美感養成術

我是一間新創公司的共同創辦人，主要從事軟體的開發。第一次來是因為有人跟我推薦雜誌圖書館這個地方。這裡的環境很適合我們這樣的小團隊工作，每次來都會看到一些不同領域的人在工作或開會，整體的氛圍很像一個小型社群，大家來自不同領域，久而久之彼此也變得熟悉。

我深刻感覺，從事科技產業同樣需要有美感，但我們的理工教育系統經常忽略這個部分。美感素養不應該只侷限於藝術或設計領域，而是決定科技產品質感的關鍵之一，就像蘋果創辦人賈伯斯（Steven Jobs）對於美感的超高品味，很大程度決定了蘋果產品的成功。

我自己是個喜歡美的理工人，對於設計、排版、字體等都很在意。實體雜誌可以慢慢欣賞，特別是日本與歐美的雜誌，版面設計和資訊呈現的方式都非常講究，以圖文並茂的方式，將大量資訊以有趣並具有美感的方式呈現出來，這是我隨時可以從紙本雜誌中獲取的養分。

網路和科技確實讓一切變得更便利，某些方面提供了強大的能量源泉，但同時也削弱了人們的想像力與主動探索的能力。大家有時候會錯誤地以為，只要打開臉書或ＩＧ，就能看到所有資訊，但我深知演算法是根據你的興趣來推薦內容，只會一直看到類似的東西，反而限制了視野。

雜誌圖書館提供了一個主動探索資訊的環境，讓人可以跳脫演算法的控制，自由地探索感興趣的內容，而不是被動地接受餵養。這種對資訊的主動掌握能力，能幫助打開眼界，跳出自己的喜好範圍，發現更多可能性，這對於任何一個產業的工作者來說都很重要。

請推薦一本喜歡的雜誌

學生時代最常翻雜誌的地方是在廁所，當時愛打扮想要多接觸時尚趨勢，我和我弟都很愛《GQ》這樣的男性時尚雜誌。雜誌的價錢對學生來說很貴，要是當時有雜誌圖書館這樣的地方就好了。工作上的知識我可以從網路上獲得，最近我看的更多是建築及室內設計類的雜誌，我正在規劃打造一個理想的住家空間，想要學會與設計師溝通想法，會多看這些雜誌來找靈感。

演員｜林柏宏……演員的日常養分

演員是我的職業，表演是我熱愛的事物，這是我最幸運的事。表演讓我經歷不同的生命，體驗不同的情感，向內挖掘自我，向外探索世界，我似乎因此而擁有更豐富更「多重」的人生。

身為天馬行空的水瓶座，我時常以各種觀點探討同件事物，像是一個劇本裡不同的角色互相辯論。我也喜歡帶著開放的心態，不帶目的的去經歷、去感受，無論是書籍、運動、影視作品、雜誌，都能擴展我對生活的體驗與樂趣。在這當中，雜誌總能呈現種不同的生活樣貌。從人物專訪裡我看見角色的複雜面向，從建築雜誌裡觀察人們的生活方式和對待世界的態度，在旅行雜誌中記下最秘密的必訪景點，在時尚雜誌裡認識最新的潮流穿搭，也認識了藝術與流行的結合。

雜誌滿足我對世界強烈的好奇心，讓我認識世界上總有一群專注在某種生活話題的人，而翻閱雜誌就能讀到看到，除了是我的日常養分，更是演員的靈感來源，一頁翻過一頁，讓我的想像力一層一層的開闊堆疊。

請推薦一本喜歡的雜誌

我在boven遇見了一本很棒的北歐雜誌《Northletters Magazine NL》。這本雜誌的主題聚焦於北歐的自然跟文化生活，用很棒的攝影與文字呈現北歐的魅力，每期雜誌會採訪一些深受北歐吸引的藝術家，展現北歐如何影響他們的作品跟生活。

幾年前，我曾經與幾個好友一同前往瑞典北極圈進行一次長程的徒步健行，透過雙腳親身體驗北歐壯闊的自然之美，以及北歐人樸素自在的生活態度。那次的旅行對我而言是一次難以忘懷的體驗，我深刻感受到北歐極簡的生活美學、環保永續的生活態度、以及對自然的尊重與熱愛。

這本雜誌像是一座橋樑，連結著我對北歐的記憶、想像跟嚮往，讓我在忙碌的生活中，能夠瞬間回到那片讓我內心安靜放鬆的北歐，走過哥本哈根的森林、遊歷冰島、在斯德哥爾摩某個咖啡館喝咖啡、了解北極熊研究員的故事。可以這樣形容吧，那種感覺就像是雜誌裡有一個隱藏的真實自我。我不可能輕易去到嚮往的遠方，然而那個遠方可以透過這本雜誌一直在我心裡。

take seven
後記　活得像一本雜誌

周筵川｜boven雜誌圖書創辦人

在boven成立第十年的此刻，很高興有機會回顧自己的初心，回顧一路以來的創業過程，以及從小到大的環境，如何塑造了現在的我。

十年前，從一個簡單的想法出發，不自量力地想要解決一些創意人的需求，開啟了雜誌書圖書館這個想法，一路走來遇到許多當初未曾預料到的挑戰，只能拚命努力想解決辦法。我的經歷並不是一個華麗的創業故事，與其說能教給各位讀者什麼做生意的訣竅，我只是盡可能誠實地分享過去的經驗以及生存之道。透過這個聊天般的對談，十年之後的自己也重新獲得許多靈感。

我是固執的金牛座，年輕時在思考未來要做什麼工作、成為什麼樣的人時，我選擇了做自己喜歡的事，並且希望能為他人的生活帶來幫助。比起依循世間價值觀去追逐成功或財富，我更想要從事的是能運用自己的頭腦去思考，可以靠自身的能力親自去完成的事。不依賴他人設定好的標準或是系統，想要創造一些過去不存在、但我認為有必要存在的事物。

雜誌圖書館的初衷，便是基於這樣單純到可說是天真的想法。十年來，這個想法未曾動搖過。

在本書中，我坦誠分享自己的工作經驗，但這些並不是具體的「工作方法論」，我絕不敢保證「只要這樣做就能創業成功」、「根據這些方法就能開一家類似的店」。這些都只是我個人的經歷，最重要的是，找到你自己有興趣且想要做的事，找出「屬於自己的答案」，並在前進的過程中不斷回應挑戰。

從創業者到現在學習作為一名經營者，我相信人生充滿可能，就像我熱愛的雜誌一樣，總是能帶給我對於生活的新鮮感。這些回顧與分享，也是boven下一個階段的指引，我與團隊會繼續思索，通過輕鬆的方式，回應大家對於生活的想像、將創意的資源充分利用，為創意人提供更好的共享與自由使用的解決方案。

期待在未來，與更多有趣的人相遇。

藉這個機會，對一路上曾經支持或質疑過這個想法的每一個人，尤其是給予我許多幫助的陳鳳文女士，由衷地說聲謝謝！只靠我自己一個人絕對無法完成這件事。

謝謝傅天余導演的好奇。

謝謝夥伴Aly細心協助整理文稿。

最重要的是感謝各位讀者的閱讀。

也祝福各位「活得像一本雜誌」。

傅天余

boven創意總監、電影導演。紐約大學（NYU）電影碩士，小說與劇本作品曾獲多項重要的文學與編劇獎項。擅長以細膩人文情感描繪女性獨特的生命經驗，電影長片作品包括《帶我去遠方》、《我的蛋男情人》、《黛比的幸福生活》等，曾獲金鐘獎最佳編劇及最佳影片，入選釜山影展、捷克卡羅維瓦力影展、香港電影節、台北電影節、棕櫚泉影展等諸多國際影展。2023年以電影作品《本日公休》，在金馬獎、台北電影獎、義大利遠東電影節等多個國內外影展獲獎，2024年獲得東京國際電影節頒發「黑澤明賞」殊榮，為台灣繼侯孝賢之後第二位獲獎導演。

同時為知名MV導演，曾受邀為蔡依林、徐佳瑩、林俊傑等歌手拍攝音樂錄影帶。並曾擔任金馬獎、金曲獎、金鐘獎評審。

周筵川

boven雜誌圖書館創辦人。年輕時因為熱愛音樂進入淘兒音樂城（Tower Record）工作，在那裡接觸了許多創意工作者，並開啟對於收藏雜誌的興趣。過去曾受邀至中國廣州的「方所書店」擔任雜誌採購顧問，2015年成立boven雜誌圖書館。

bowen

VQ0080

打造靈感的場所
boven雜誌圖書館的開店創意學
A place of inspiration
boven Magazine Library

打造靈感的場所：boven雜誌圖書館的
開店創意學／傅天余作.
－初版.－臺北市：積木文化出版：
英屬蓋曼群島商家庭傳媒股份有限公司
城邦分公司發行，2025.02
面； 公分
ISBN 978-986-459-638-6（平裝）
1.CST: 書業 2.CST: 商業管理
487.6 113017475

封面設計 ddd.pizza
封面插畫 Yunosuke
內頁排版 黃暐鵬
製版印刷 韋懋印刷製版有限公司

2025年02月04日 初版一刷
售 價 新台幣420元

I S B N 978-986-459-638-6
978-986-459-636-2（EPUB）
Printed in Taiwan.
版權所有・翻印必究

作 者 傅天余
責任編輯 江家華

出 版

積木文化
總 編 輯 江家華
版權行政 沈家心
行銷業務 陳紫晴、羅伃伶
發 行 人 何飛鵬
事業群總經理 謝至平

城邦文化出版事業股份有限公司
11563台北市南港區昆陽街16號4樓
電話：886-2-2500-0888 傳真：886-2-2500-1951
網站：http://www.ryefield.com.tw

發 行

英屬蓋曼群島商家庭傳媒股份有限公司
城邦分公司
11563台北市南港區昆陽街16號8樓
客服專線：02-25007718；02-25007719
24小時傳真專線：02-25001990；02-25001991
服務時間：週一至週五上午09:30-12:00；
下午13:30-17:00
劃撥帳號：19863813 戶名：書虫股份有限公司
讀者服務信箱：service@readingclub.com.tw
城邦網址：http://www.cite.com.tw

香港發行所

城邦（香港）出版集團有限公司
香港九龍土瓜灣土瓜灣道86號
順聯工業大廈6樓A室
電話：+852-2508-6231 傳真：+852-2578-9337
電郵：hkcite@biznetvigator.com

新馬發行所

城邦（新馬）出版集團
【Cite(M) Sdn. Bhd. (458372U)】
41, Jalan Radin Anum, Bandar Baru Sri Petaling,
57000 Kuala Lumpur, Malaysia.
電話：603-9057-8822 傳真：603-9057-6622
電郵：services@cite.my